第一部
講演会記録

開会の辞

― 経緯の説明 ―

福岡工業大学　丸山　勲

　福岡工業大学では，毎月末の土曜日に学内外の研究者があつまり談話会を実施しておりますが，2020 年 2 月を最後に無期限延期となっています．新型コロナウィルス (COVID-19) の影響です．この土曜談話会は長年継続されていたため非常に残念な事でしたが，未だ開催できぬ第 149 回の代わりとして，土曜談話会「特別講演会」を実施してはどうかとの話があったのが，福岡での感染も落ち着いた 6 月でした．その後，中山先生のご尽力により講演者と学外大規模会場が決まり，7 月 4 日，参加者十数名が集まって，この講演会が開催され，さらに報告書として本書が編纂される運びとなりました．

　本講演会のテーマは新型コロナウィルスです．テーマ決定の経緯として，土曜談話会に長年貢献されてこられた小田垣先生，加藤先生，中山先生らがそれぞれ独自に新型コロナウィルス感染の数理モデルを解析されていた事もあります．中でも，小田垣先生の解析が報道されたのが 5 月上旬でした[1]．講演会ではこの解析を，ご都合により不参加の小田垣先生の代わりに前田先生が紹介してくださりました．私も縦軸が同じ "新規感染者数" として報じられた異なる 2 図[2]をやっと理解しました(下図)．理系大学生なら厳密解さえ理解出来る数理モデル[3]にも関わらず，報道も，専門家会議の資料[4]でさえも，縦軸が未定義――そんな歯がゆい 4 月の日本の状況も，各先生方が解析を始められた動機の一つと推察します．

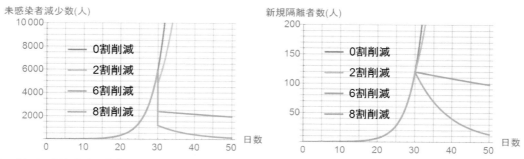

図: "新規感染者数"[2]の SQIR モデル(未感染者 S 人，隔離感染者 Q 人，市中感染者 I 人，回復者 R 人)による計算結果．左図は未感染者減少数 $-S'(t)\Delta t = \beta S(t)I(t)\Delta t$ で，右図は新規隔離者数 $q I(t)$．ただし，隔離率 $q = 0.01$, 治癒率 $\gamma = 0.2$, 基本再生産数 $R_0 = \beta N/\gamma = 2.5$ と

し，$\Delta t = 1$日を単位に初期時刻$t_0 = 0$における初期未感染者$S_0 = N = 10^8$，初期市中感染者$I_0 = 2$として計算，30日後からは基本再生産数を0割,2割,6割,8割削減した[5].

現在，談話会世話人に私が入っているため，当日は司会兼タイムキーパーを担当しました．申し訳ないことに時間の都合により，語りきれなかった部分が講演者に，また理解しきれなかった部分が聴講者にそれぞれ残ったかと思われます．それを本書で補完されれば幸いです．

さらに本書には小田垣先生，須田先生の論文も収録される事となりました．福岡県外の読者がおられましたら，なおさら喜ばしいと思います．講演会当日の総合討論でも講演者同士の考え方の相違が紹介されましたが，読者の皆様も本書を読まれれば異論が浮かび，追加検証や反証等もされたくなるかもしれません．もし，その研究が1時間程度のトークにまとまりましたら，福岡工業大学土曜談話会にてご講演することを考慮していただければ，世話人としては助かります．以上，私から見た経緯の説明を以って，開会の辞とさせていただきます．

[1] 例えば，朝日新聞デジタル，*PCR検査を倍にすれば、接触「5割減」でも収束可能?*，2020年5月6日　https://www.asahi.com/articles/ASN557T4WN54ULBJ01C.html

[2] 図左は例えば日経新聞，*「欧米に近い外出制限を」　西浦博教授が感染者試算*，2020年4月3日　https://www.nikkei.com/article/DGXMZO57610560T00C20A4MM0000/ ．図右は日経新聞，*新型コロナ感染症、接触削減「8割必要」モデルで算出*(日経サイエンス)，2020年4月25日　https://www.nikkei.com/article/DGXMZO58399970T20C20A4000000/ などで報じられた．

[3] 学生向け解説として，Y. Okabe, A. Shudo, Mathematics 2020, 8(7), 1174, (2020) https://doi.org/10.3390/math8071174

[4] *新型コロナウイルス感染症対策の状況分析・提言*,2020年4月22日 https://www.mhlw.go.jp/content/10900000/000624048.pdf

[5] Mathematica によるソースコードは次の通り：
```
q=0.01;g=0.2;n=10^8;b[t_,a_]:=2.5g/n*If[t>30,1-a/10,1];w={t,0,50};o[a_]:=NDSolve[{s'[t]==-b[t,a]*s[t]*i[t], i'[t]==(b[t,a]*s[t]-q-g)*i[t], i[0]==2,s[0]==n},{s[t],i[t]},w][[1]];A={0,2,6,8};pl[p_,m_,n_]:=Plot[p,w,PlotRange->{0,m},GridLines->All,AxesLabel->{"日数",n},PlotLegends->Placed[(ToString[#]<>"割削減")&/@A,{0.3,Center}]];{pl[D[-s[t]/.o/@A,t],10000,"未感染者減少数（人）"], pl[q*i[t]/.o/@A,200,"新規隔離者数（人）"]}
```
https://www.wolframcloud.com/obj/i-maruyama/Published/SQIR からコピーし、Wolfram Programming Lab https://www.wolfram.com/programming-lab/ から無料で実行できます（2020年7月現在）．モデルの詳細は，本書収録の小田垣論文を参照してください．ただしパ

ラメタ設定はグラフが合うように定めましたので，論文とは異なります．

丸山　勲　i-maruyama@fit.ac.jp

コロナウイルスについて

九大名誉教授　大島靖美

（A）ウイルスの全体像

　ウイルスの定義としては、「細胞内だけで増殖し、潜在的に病原性をもつ感染性の実体で、１）核酸として DNA か RNA のどちらか一方をもつ、２）遺伝物質（核酸）だけから複製される、３）二分裂で増殖しない、４）エネルギー生産系を欠く、５）宿主のリボソームをタンパク質合成に利用する」と記されている（出典１）。

　２０１９年の時点で、既知の**ウイルスの種**は総数６，５９０、科は１６８とされ、非常に複雑な分類体系によって分類されている（２）。このようなウイルスの分類・命名は、国際ウイルス分類委員会 (International Committee on Taxonomy of Viruses, ICTV) により継続的に行われているが、この ICTV による比較的最近の分類が２０１２年に分厚い本として出版されている（３）。その内容は２００９年に出された ICTV の第９次報告であるが、これに記されているウイルスの種の総数は２，２８５、科は８７であり、最近１０年間に種、科とも２倍かそれ以上に増えたことになる。

　ここでは、比較的分かりやすい２００９年当時の分類に近い、別の本（４）の分類を紹介する。　この本では、ウイルスがその遺伝物質である核酸分子の種類・形態により７つに大きく分類され、また全体が９４の科（family）に分類されている（**図1**）。

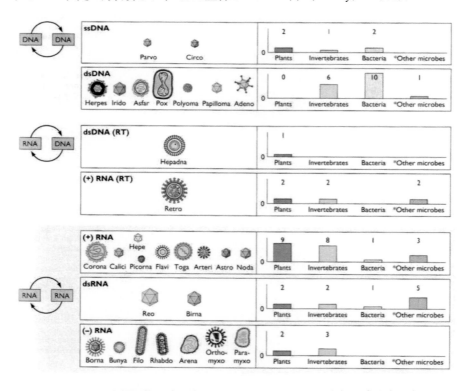

脊椎動物に感染するウイルス　　　　　他の生物に感染するウイルス

図1. **ウイルスの分類**。左側の脊椎動物に感染するウイルスについては、各科ごとにウイルスの形状と科の名前が記され、右側のその他の生物に感染するウイルスについては、生物のグループごとにそれに感染するウイルスの科の数が記されている。Plants：植物、Invertebrates: 無脊椎動物、Bacteria: 細菌、Other microbes:その他の微生物。出典４、Vol. I, p19, Figure 1.10 より転載。

　核酸分子の種類・形態は、図の上から順に、１）１本鎖 DNA (ssDNA) 、２）２本鎖 DNA (dsDNA)、３）RNA の逆転写で生ずる２本鎖 DNA (dsDNA(RT))、４）RNA１本鎖が逆転写されて宿主ゲノムに組み込まれるもの (+RNA(RT))、５）＋鎖１本鎖 RNA((+)RNA)、６）２本鎖 RNA (dsRNA)、７）—鎖１本鎖 RNA((—)RNA)となる。＋鎖は、mRNA（メッセンジャーRNA）として機能してタンパク質に翻訳される鎖を、—鎖はそれと相補的な鎖を示す。

　これら７つのグループのそれぞれに属するウイルスの科の数は、１）７、２）２４、３）２、４）７、５）３０、６）１２、７）１２、計９４である。DNA ゲノムをもつウイルス（**DNA ウイルス**）の科は計３３、RNA をゲノムにもつウイルス（**RNA ウイルス**）の科は計６１と、RNA ウイルスの科の方が二倍近く多い。おそらくウイルスの種類も RNA ウイルスの方が多いであろう。

　ウイルスの起源については、いくつかの説があるが、どれも漠然としており、起源は殆ど分かっていないらしい（４）。また、異なる科のウイルスの間では含まれる遺伝子の種類や配列が大きく異なり、ウイルスの科の間の系統関係やウイルス全体の**進化**は明らかでないと思われる（同）。

　ウイルスによる感染の歴史として、下の表１に現在までの重大な流行をまとめた。

表１　ウイルス病の重大な流行（４、５）

インフルエンザ（ウイルス＝クラス２）：　　分節ゲノムの組み合わせによる変化もある。
　　　１９１８　スペイン風邪、　１９５７　アジア風邪
　　　１９６８　香港風邪、　　　１９７７　ロシア風邪
エイズ（AIDS ウイルス＝クラス３）
　　　１９５０〜１９７０：　AIDS ウイルスのヒトへの初めての感染？
　　　１９８０年代：　アフリカとアメリカでほぼ同時に流行
　　　１９８３：　AIDS ウイルスの同定
エボラ出血熱（エボラウイルス＝クラス４）
　　　１９７６：　アフリカザイール及びスーダンで初めて流行
　　　１９８９：　米バージニア州の動物検疫所の猿に流行（アフリカ起源）

　　１９９０：　　同所で再び流行（フイリピン起源）

西ナイル熱のアメリカ、カナダでの流行（ウイルス＝クラス３）

　　１９９９：　　６人発病（イスラエルより伝播）

　　２００２：　　数百人発病

　この表の伝染病及び今回の新型コロナウイルスの病原体は、全て **RNA ウイルス**であり、RNA ウイルスが大きな問題である。また、歴史上人類が制圧に成功したウイルス感染症は天然痘（病原体は DNA ウイルス）だけであるという。

　この表の感染の中で、最も重大なものは、１９１８　スペイン風邪と記した**スペインインフルエンザ**であった。この感染は１９１８年にアメリカで始まった。当時は第一次世界大戦中であり、そのため米国軍のヨーロッパへの移動によりヨーロッパへ、更に全世界へと感染が広がり、１９２１年まで続く世界的大流行となった。感染者の総数は約５億人（当時の世界総人口の２７％）、死者４～５千万人と推定されている。日本でも大流行し、当時の人口５，５５０万人に対して２，３８０万人（４３％）が感染し、死者約３８万人余りと報告されている。日本での致死率は１．６３％であり、世界平均よりずっと低かった。日本での統計は詳細であることからも、医療体制がしっかりしていたと思われる（以上５、６）。このインフルエンザの大流行は、最近の新型コロナウイルスの流行の対策にも有用な示唆を与えると思われる。

（B）RNA ウイルスの特徴

　現在世界的感染拡大が続いている新型コロナウイルスは、RNA ウイルスであり、RNA ウイルス共通の重大な特徴をもっている。それは、ウイルス感染に伴うゲノム RNA の複製において、非常に高い頻度で**突然変異**が起こることである。

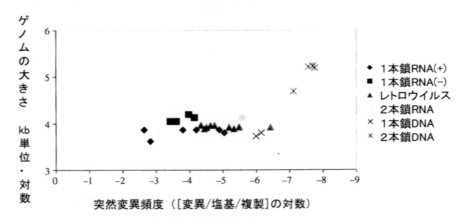

図2. いろいろなウイルスゲノムの複製に伴う突然変異の頻度。出典７、ｐ３８の Fig. 3.1 に基づき、筆者が日本語訳を行った。

図2に示すように、この突然変異の頻度はウイルスの種類によって $10^{-7} \sim 10^{-3}$/塩基/複製の範囲で異なる。新型コロナウイルス、あるいはコロナウイルス科ウイルスの突然変異頻度は正確には分からないが、$10^{-3} \sim 10^{-5}$ と推定される。この値は、細胞のDNA あるいは DNA ウイルスの突然変異の頻度（$10^{-8} \sim 10^{-7}$）の１，０００倍前後である。この理由は、DNA の複製については、それに伴ってかなりの頻度で生ずる塩基配列の誤りの大部分が**修復機構**によって正しく修正されるが、RNA の複製についてはそれが無いか修復の効率が低いためである（４、７）。後に述べるように、RNA ウイルスのゲノムの大きさは、一般に DNA ウイルスよりずっと小さいが、これも突然変異の頻度の違いと関係すると考えられる。

（C）コロナウイルス

　コロナウイルスとは、ウイルスの科の１つであるコロナウイルス科 (*Coronaviridae*) に属するウイルスの総称である。この科に属するウイルスは約２０種類が知られていたが、それらは共通的な構造や性質をもつ。コロナウイルスは、直鎖状１本鎖 RNA（＋鎖）１分子をゲノムとする。その長さは 26,000~32,000 塩基で、RNA ウイルスの中で最も大きい。外皮（envelope）をもち、宿主は哺乳類、鳥類、または魚類である（３）。

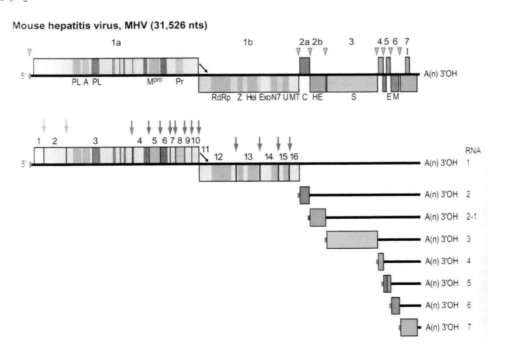

図3. マウス肝癌ウイルスゲノムの構造（３）。

図3にマウス肝癌ウイルスのゲノム（遺伝子）の構造（上）と作られるタンパク質あるいはmRNA（下）を示すが、これらはコロナウイルス全体にほぼ共通的である。上の図の1a、1b、2a、2b、3、4、5、6、7はmRNAとして転写される9種類のゲノム領域を示す。mRNAの1a、1bはそれぞれ大きなタンパク質に翻訳されるが、複雑な切断反応により、下の図に記されている1〜16の16種類のタンパク質が生ずる。この中で最も重要なものは、上の図にRdRpと書かれた**RNA依存RNAポリメラーゼ**（RNA複製酵素）である。右側の2a〜7の転写単位からは、7種類のタンパク質が作られる（後述のS、Mタンパク質など）。

　コロナウイルス科には2つの亜科が存在し、現在感染が流行している新型コロナウイルスはコロナウイルス亜科 (*Coronavirinae*) に属する。**図4**にその**ウイルス粒子**の共通的構造を示す。

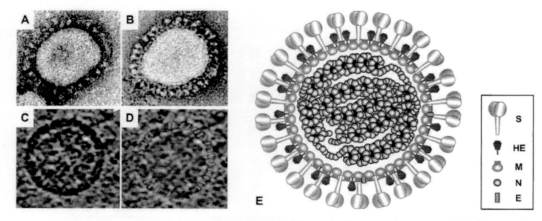

図4. コロナウイルス（コロナウイルス亜科）粒子の構造（3）。写真 A , B: 陰染色したネズミコロナウイルスの電子顕微鏡写真。C, D: マウス肝がんウイルスの凍結電顕写真。
S：スパイクタンパク質 (1,128-1,472 aa)、HE：ヘマグルチニンーエステラーゼ
M：膜タンパク質（200-250 aa）、　N：ヌクレオカプシドタンパク（塩基性、リン酸化）、E：エンヴェロープ（外皮）タンパク。

　ウイルス粒子（ヴィリオン）は球形で、直径 170〜200 nm である。粒子の内部には、ゲノム RNA とヌクレオカプシドタンパク質（N）の複合体が存在する。その外側に、ウイルスが作る S、M、HE などのタンパク質と、図に示されていない宿主細胞膜由来の脂質の外皮が複合した構造が存在する。全体の形が太陽のコロナ（太陽大気の最外層）に似ているのでコロナウイルスと呼ばれる。
　宿主への**感染経路**は、空気、口、糞便、衣類などである。**感染・増殖の段階**は以下の3つに分けられる。1）スパイクタンパク（S）を介して宿主細胞に結合し、外皮が細胞膜と融合する。2）ヌクレオカプシドが細胞内に入り、細胞質内で増殖する。増殖

には、ウイルス遺伝子から作られる RNA 依存 RNA ポリメラーゼなどが働く。３）新しく作られたヌクレオカプシドが小胞体、ゴルジ体の膜から出芽し、細胞外にウイルス粒子として放出される。この時細胞膜の一部が外皮として付け加わる（３）。

　ウイルスの示す**抗原性**については、スパイクタンパク（S）がウイルスを中和（無毒化）する宿主の抗体生産を誘導する主成分である。M（膜）タンパクの表層にある部分も、補体の存在下でウイルスを中和する抗体を誘導する。また、N タンパクに対しても抗体が産生され、免疫活性は無いが、ウイルスの検出には役立つ（３）。

　今回の新型コロナウイルスの感染以前のコロナウイルスの感染としては、２００２～２００３年の SARS（Severe Acute Respiratory Syndrome、重症急性呼吸器症候群）の流行が以下のように記録されている。当時に新型コロナウイルスと呼ばれたウイルスがコウモリを起源として発生し、ヒマラヤジャコウネコを経由して中国広東省の市場でイタチアナグマとタヌキに広がり、ここで人間に感染した。この感染は重い肺炎を起こし、急速に４つの大陸に広がったが、感染者８,０９６人、死者７７４人にとどまった（死亡率約１０％）(３)。筆者には、比較的急速にこの感染が収束した理由が興味深く思われる。**図5**は、このウイルスの起源、感染経路の一部を示すものである。

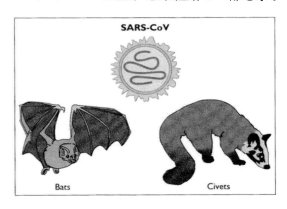

図5：SARS コロナウイルス(SARS-CoV)の起源とされるコウモリ（左）と感染経路中のジャコウネコ（右）（４）。

（D）　新型コロナウイルスとその感染

　現在世界的に感染が拡大している新型コロナウイルスの感染は、２０１９年１２月に中国湖北省武漢市で起こったと一般に考えられている（８）。新型コロナウイルスは、キクガシラ属コウモリに由来し、コウモリ・センザンコウ・ジャコウネコなどの SARS ウイルスと類似性が高く、これらの動物中で突然変異により人への感染性を獲得し、武漢でヒトへの感染が起こったと考えられる（８、９）。新型コロナウイルスは、ヒトコロナウイルスと同じく、コロナウイルス科・コロナウイルス亜科・ベータコロナウイルス属に属し、正式には SARS-CoV-2 と呼ばれる。このウイルスの当時の

全遺伝子（RNA）配列が２０２０年１月に決定、公開された。SARS コロナウイルスとの RNA 配列の相同性は８０％であり、国際ウイルス分類委員会 (ICTV) は SARS コロナウイルスと同じ種に属する姉妹系統であるとしている（９）。中国からの報告に基づき、２０２０年１月３１日に**世界保健機関(WHO)**は公衆衛生上の**緊急事態**を宣言した。新型コロナウイルスによる感染症は、**COVID-19** と呼ばれる。

　その後半年ほどで世界中に感染が広がった。世界の最新の感染状況を、米国ジョンズホプキンス大学、世界保健機関（WHO）のホームページ（１０、１１）で見ることができる。

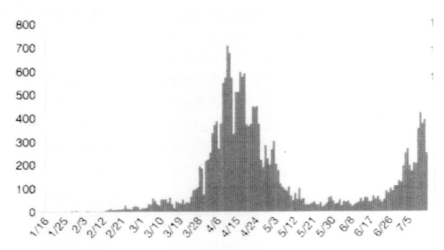

図6. 日本の新型コロナウイルスの新規感染者(PCR 検査陽性者)の数の推移（１２）

　日本では、新規感染者の１日あたりの増加人数は、**図6**のような推移をたどっている。３月からの第一波の感染拡大に対して全国的にいろいろな規制がなされ、４月に感染のピークがあったが、５月末に感染者の増加は大きく低下した。しかし、６月からの規制緩和に伴い、７月現在再び感染者が増加している。

　　この図の感染者の数は、図の説明にあるように、**PCR 検査**に基づいている。この PCR 検査は、正確には RT—PCR（逆転写—ポリメラーゼ連鎖反応）検査であり、その方法の模式を**図7**に示す。この最後の段階として記した「PCR 増幅数十回」は、基になる２本鎖 cDNA（相補鎖 DNA）を加熱して１本鎖とし、次に温度を下げて DNA ポリメラーゼによってそれぞれの１本鎖を２本鎖にするという２段階の反応を数十サイクル繰り返すことを示す。もし DNA ポリメラーゼによる複製反応が１００％の効率で起これば、１０サイクルで2^{10}倍（約１、０００倍）、２０サイクルで約１００万倍に増幅されるはずである。実際は効率１００％ではなく、３０サイクル以上を行い、１００万倍以上に増幅する。図７では、模式としてウイルス RNA 全体の RT—PCR を行う例を示しているが、実際のウイルス検査では、ウイルス内部の適切な、比較的短い領

域についてこれを行う。その領域を指定するのは２種類のプライマーと呼ばれる２０塩基程度の１本鎖DNAであり、図7の例では右向きの赤い矢印とオリゴ dT プライマーがそれに当たる。PCR 法の原理として、これら２つのプライマーのもつ配列を両端とする DNA だけが増幅されるはずである。この増幅された DNA を、蛍光標識などによって検出あるいは定量することにより、ウイルスの検出あるいは定量をすることができる。国立感染症研究所が実際に用いている方法では、PCR の１サイクルは２分、４０サイクルの増幅を含め全反応は約１時間半である。

　新型コロナウイルス感染者の検出には、他にウイルス抗原の検査、ウイルスに対する抗体の検査もあるが、PCR 検査が基本的と考えられる。これら検査法の評価や詳細については、厚生労働省または国立感染症研究所のホームページで見ることができる（１２、１３）。

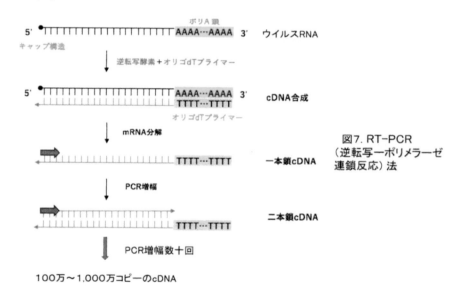

図7. RT－PCR
（逆転写ーポリメラーゼ
連鎖反応）法

・この図は、RT—PCR のネット上の図 (lifescience-study.com)を基に、
　　筆者が追加・修正したもの。

現在の**世界の感染状況**については、世界各国・地域の新型コロナウイルスの累計感染者の人口千人に対する割合が、次ページの**図8**のように報道されている（２０２０年7月１１日）。最も高い地域（≧３０人または１０—３０人/１，０００人）は南米、東欧北部、米国、中東などに見られる。日本は２番目に低い０−０.３人/１，０００人の最も薄いピンク色の地域に入っている。図8を掲載している資料（１４）には、世界各国の感染者数、死者数、感染率なども示されており、その一部を**表2**として抜粋する。

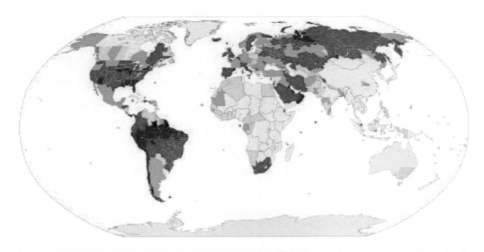

図8. 新型コロナウイルス感染症（COVID-19）の世界各国・地域の感染率（１４）

▌ 感染者 30 人以上（人口 1000 人あたり）

▌ 感染者 10–30 人（人口 1000 あたり）

▌ 感染者 3–10 人（人口 1000 人あたり）

▌ 感染者 1–3 人（人口 1000 人あたり）

▌ 感染者 0.3-1 人（人口 1000 人あたり）

▌ 感染者 0–0.3 人（人口 1000 人あたり）

▌ 感染者なし又はデータなし

表2. 新型コロナウイルスの国・地域別感染者数。2020/07/11 現在、出典１４の表より抜粋。

国・地域	確定感染者数	同順位	死者数	快復者数	感染者数/100万人	死者数/100万人
215 国・地域合計	12,625,155		562,769	7,360,954	1,620	72
米国 (USA)	3,291,786	1	136,671	1,460,495	9,943	413
ブラジル	1,804,338	2	70,524	1,213,512	8,487	332
インド	822,603	3	22,144	516,206	596	16
ロシア	713,936	4	11,017	489,068	4,892	75
ペルー	319,646	5	11,500	210,638	9,691	349
チリ	309,274	6	6,781	278,053	16,175	355
スペイン	300,988	7	28,403	-	6,438	607
メキシコ	289,174	8	34,191	177,097	2,242	265
イギリス	288,133	9	44,650	-	4,244	658
イラン	252,720	10	12,447	215,015	3,008	148
日本	21,129	56	982	17,652	164	8

この表を見ると、人口１００万人あたりの感染者数（**感染率**）は世界平均１，６２０、日本１６４（１，０００人あたりでは０.１６人）、米国９，９４３である。日本の感染率は世界平均の 1/10 と非常に低く、これに対して感染者の絶対数で最大（３２９万人）の米国の感染率は世界平均の約６倍、日本の６１倍である。また、感染者数上位１０カ国中で感染率が最も高いのは南米チリの１６，１７５人/１００万人で、世界平均の約１０倍である。死亡率（人口１００万人あたりの死者数）については、この表の１１カ国中イギリス、スペインなどヨーロッパの国が最も高く、日本は最低で、世界平均の約 1/10 である。

　感染者と言うのは一般に PCR 検査などでウイルスの保持が確認された人で、その大部分は無症状であり、重症化する人は感染者の約２０％と言われる。日本での**死者**の感染者に対する割合は４.６％であり、世界平均４.５％とほぼ同じである。感染者の中で無症状の人が多い理由は、新型コロナウイルスの感染から発病までの**潜伏期間**が最大２週間と長いためである。これが新型コロナウイルスの非常に厄介な点であり、実際の感染者は統計数字の数倍～１０倍多いであろう。

　表２の元の表（１４）では、中国（本土）の感染者数は８３，５８７人であり、この数値は４月３０日の値８２，８７４人（１５）から殆ど増えていない。中国では１月から急速に感染が広がり、その後の厳しい対策により４月にはほぼ感染拡大が収まったように報じられている。しかし５月以降に規制が解除されても新規の感染者が殆ど報告されていないのは信じ難い。実際はかなりあるのに、WHO や国外に報告されず、隠されていると推測される。今後中国で新たな感染爆発がある可能性も考えられる。

　このように世界各地で感染を起こしている新型コロナウイルスは、全く同じものではない。図9は、今年４月時点で発表された、世界各地域で収集された新型コロナウイルスゲノムの**遺伝子配列の系統関係**を示すものである。これにより、中国の武漢を起源として各地に広がったウイルスが各地で突然変異を繰り返し起こし、変異したものが更に広がったことを示している。この間にウイルスの感染力などの性質が様々に変化していると推測される。ヨーロッパ各国ではかなり感染者が多く、その死亡率も高いが、これらの国で感染を起こしたウイルスの毒性が強かった可能性も考えられる。

　現在（２０２０年７月）時点で世界全体の感染者総数は１６００万人余り、死亡率約４.５％であるが、急速に感染者が増加している。今後の感染状況の予測は困難であるが、筆者は３年程度続くと感じている。検査・治療体制、ワクチンや薬の開発の状況によるであろう。来年予定されている東京オリンピックの開催は中止せざるを得ないであろう。

日本では、現在図６のように再び感染が増加しているが、今までの全期間を見ると、世界各国の中で非常に感染者・死者の割合が低いと言える。これは、早い時期に適切な全国的規制を実施し、国民がそれをよく守ったからだと思われる。日本についても感染の今後の予想が難しいが、適度な規制を実施することにより、１年程度でほぼ収束することを期待したい。

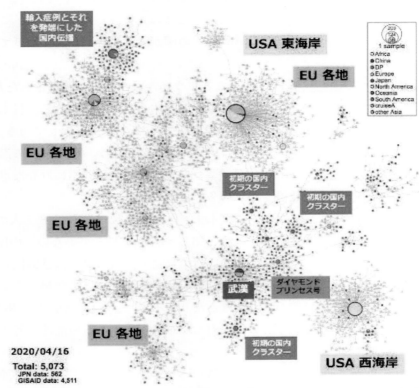

図９．新型コロナウイルス SARS-CoV-2 のハプロタイプ（遺伝子型）ネットワーク図（１６）。

出典リスト
（１）八杉龍一他編集「岩波　生物学辞典」第４版、岩波書店、１９９６年
（２）Virus Taxonomy: 2019 Release by International Committee on Taxonomy of Viruses (ICTV)　https://talk.ictvonline.org/taxonomy/
（３）King, A. M. Q. et al. editors "Virus Taxonomy, Ninth Report of the International Committee on Taxonomy of Viruses", Academic Press, 2012
（４）Flint, S. J. et al. "Principles of Virology" Third edition, ASM Press, 2009
（５）加藤茂孝「人類と感染症の歴史―未知なる恐怖を超えて―」、丸善出版、２０１３年

（６） jttps://ja.wikipedia.org/wiki/スペインかぜ

（７） Holmes, E. C. "The Evolution and Emergence of RNA Viruses", Oxford University Press Inc. New York, 2009

（８） https://ja.wikipedia.org/wiki/新型コロナウイルス感染症の流行（２０１９年—）

（９） https://ja.wikipedia.org/wiki/２０１９新型コロナウイルス

（１０） https://coronavirus.jhu.edu/

（１１） https://covid19.who.int/

（１２）厚生労働省 https://www.mhlw.go.jp/covid-19/

（１３）国立感染症研究所　新型コロナウイルス（2019-nCoV）関連情報ページ
https://www.niid.go.jp/niid/ja/diseases/ka/corona-virus/2019-ncov.html

（１４） https://ja.wikipedia.org/wiki/国・地域毎のコロナウイルス感染症流行状況

（１５） https://ja.wikipedia.org/wiki/中国本土における２０１９年コロナウイルス感染症の流行状況

（１６）新型コロナウイルス SARS-CoV-2 のゲノム分子疫学調査。
www.niid.go.jp/niid/ja/basic-science/467-genome/9586-genome-2020-1.html

2020年7月18日記

新型コロナウイルス感染の推移に関するモデル

…外出制限と陽性確認・隔離の効果

福岡工業大学名誉教授　加藤　友彦

[1] 感染者および陽性確認者の時間変化に関するモデル

　新型コロナウイルスは予防法、治療薬が 分からないため、感染者をできるだけ少なくするということに努力が集中している。そのために、外出や集会を制限し、陽性が確認された人は隔離するという方策が採られている。この小論では、この外出制限と陽性確認―隔離の効果がどの程度、感染者抑制に効果を示すのかを、現実のデータと対比して明らかにしようとするものである

　この問題を、数理的に扱おうとするとき、困難な点は、公表されている感染者数に関するデータは、PCR 検査で確認された陽性者の日別の数字であり、その 10 倍以上も存在するであろうと推測されている未確認の感染者の数は分からないことである。陽性確認者は原則として隔離されるので、外出制限にはほとんど関係がないと考えられ、感染を広げる主体は、未確認の感染者のはずであるが、その実状はほとんど分かっていない。

　この試論は感染者全体の時間推移を公表されている陽性確認者の時間変化に基づき推測するモデルを作り、外出制限や、PCR 検査の基準の緩和が感染者の時間変化にどのような効果を与えるかを明らかにすることを目的とする。上に記したように、この種の推論に根本的に欠如しているのは、実際の感染者数のデータである。本考察では、下記の仮定をおいてモデルを設定する。

仮定：小田垣孝 氏の考察[1] における推定を参考にし、感染者数は、公表されている陽性確認者の 10 倍とする。

　(1)物性研究・電子版 Vol. 8, No. 2, 082101 （2020 年 5 月号）

＜モデル＞
・i 日の感染者を k(i) とする。
・k(i) は、前日 (i-1) 日までの感染者 1 人が接触する平均の人数 n および 1 回の接触で感染する率 α の積 で与えられるとする。
　ただし、前日までの感染者の内、治癒した人、死亡した人は除かねばならない。

感染してから、治癒あるいは死亡するまでの平均の日数をmとする。
つまり、感染してからm日以上経過した人は、治癒あるいは死亡したもの（以下、"治癒"者と記す）として、感染源とはならないと仮定する。
・この他に、PCR検査で、陽性であることが確認された人は、原則として隔離されることになるので、この人たちも感染源から除く。（入院中の院内感染もあるが、無視する）i日における陽性確認者の数を x(i) とする。検査は感染者のうち、ある基準を越える症状の人に限られるので、感染者全体の一部（上記の仮定により、その割合はγ=1/10）である。γはその日の事情により変動するものであるが、簡単のため一定の平均値とした。また、検査は感染の数日後に実施されるので、その平均の日数を d とする。これが、すべての感染者と陽性確認者を関係づける仮定である。これは、x(i)=γk(i-d) と表現される。
　　以上を、数式で表現すると

$$k(i) = \alpha n \left[\sum_{j=i-m+1}^{i-1} \{k(j) - x(j)\} \right] \qquad (1)$$

$$x(j) = \gamma k(j - d) \qquad (2)$$

　（1）式で、（i-1）日よりm日 以前の感染者は、PCR検査を受けたかどうかにかかわらず "治癒" したものとして、和から除外している。この式は、前日までの結果を代入することで、その日の結果が逐次的に求められる単純な漸化式の形式である。
　初期感染の段階は、上式で扱えるが、感染者が増大して、全人口に比して無視できない段階では、n に未感染者の割合 (1-K/N)を乗じる必要がある。ここで、K は前日までの総感染者数、N は総人口である。
　　このモデルは、感染の推移に関する標準的なモデルであるSIRモデル、さらにそれに隔離者の効果を入れた小田垣氏のSIQRモデル[1]と類似であるが、離散的な表現であることは別にして、以下の違いがあることを記しておく。SIR系のモデルでは感染者の総数を変数としているが、当モデルでは日毎の感染者数を変数としていること、もう一つは感染率の意味が異なることである。SIRモデルの感染率βはこのモデルではαn/N（N 総人口）に相当する。

[2] 計算結果

　上記のモデルを用いて、(1)外出規制をしない場合　(2)外出規制の効果 (3)陽性検査の遅れの影響　(4)陽性検査・隔離の効果　について、<u>東京都</u>の公表している感染確認者の推移を対象として検討する。

（1）外出規制をしない場合の推移

　計算を簡単にして、効果の現れをわかりやすくするため、検査の遅れを無視、すなわち、d=0 として計算する。これは、現実的ではないが、規制の効果を簡単に知るためには有効であろう。検査の遅れの影響については、後で検討する。

　この場合、$x(i) = \gamma k(i)$ となり、（1）式は下記のように簡単になる。

$$k(i) = \alpha n \left[\sum_{j=i-m+1}^{i-1}(1-\gamma)k(j) \right]$$

両辺に、γ を乗じると

$$x(i) = \alpha n (1-\gamma) \left[\sum_{j=i-m+1}^{i-1}x(j) \right] \qquad (3)$$

　データの公表されている x(i) についての式になる。$\alpha n(1-\gamma) = c$ とおいて、cとm は 感染者が　初めて確認された1月24日から緊急事態宣言発効の前日4月7日までの感染確認者の推移にフィットするように決める。
この間の感染確認者のリストは，下記であり、その下にグラフの点で表している。

{1, 1, 0, 0, 0, 0, 1, 0, 0, 0, 0, 0, 0, 0, 0, 0, 0, 0, 0, 0, 1, 2, 8, 5, 0, 3, 3, 0、3, 1, 0, 3, 0, 3, 1, 0, 1, 2, 0, 1, 4, 8, 6, 6, 0, 0, 3, 6, 2, 2, 10, 3, 0, 12 9, 7, 11, 7, 2, 16, 17, 41, 47, 40, 63, 68, 13, 78, 66, 97, 89, 116, 143, 83, 79}

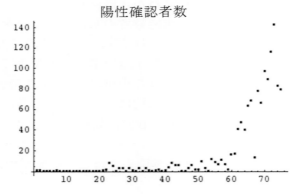

陽性確認者数

横軸：日；1が1月24日，75が4月7日

このデータは、5月上旬に発表されたものであるが、その後、いくつかの修正があるが、このシミュレーションの目的は、大筋の傾向を推定することにあるので、その修正は反映していない。

　　初期条件　$x(1) =1$ を用い、cとm の値を、適当に変えて、いくつか試算

した結果、αn=0.13 γ=0.1, c=αn(1-γ)=0.117, m=20 の時の結果（赤点）が下のグラフのように比較的良くフィットしたので、以下この値を用いる。ここでは、c を一つのパラメータとして扱えばすむが、後に、検査の遅れを考慮するときに、γの値が必要になるので、αn とγを別々に設定した。

陽性確認者のデータと計算結果の比較

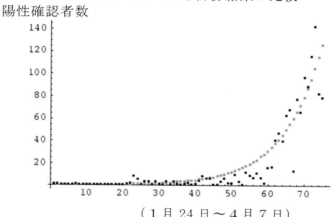

（1月24日〜4月7日）

緊急事態宣言が出され、4月8日から、外出が規制された。制限の効果を見る前に、このまま制限しない場合の結果を見てみよう。ひとりの感染者が治癒するまでに何人の人に感染させるかの数値を、再生産数Rと呼び、Rが1以上か以下かで増大、減衰を判断する。このモデルでは R=αn(m-1) で与えられる。上で決めたαn=0.13, m=20 を代入すれば、 R=2.47＞1 となるので、上式の計算を続ければ、感染者は発散してしまう。このことは、人口には限りがあって、感染者が増えるに従って、未感染者が減少する効果を入れていないためである。既に述べたようにそのためには、n に (1-K/N)のファクターを乗ずれば良い。ここで、K は前日までの総感染者数、N は東京都の人口（約1400万人）である。結果は以下のようになる。

陽性確認者/日

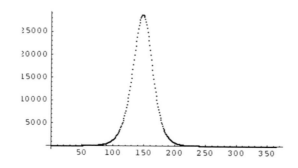

21

感染者総数の人口比

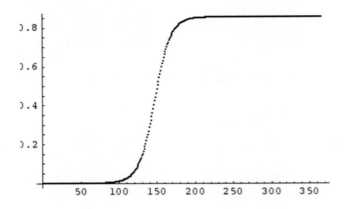

　６ヶ月後頃に、約85％ の人が感染し、事態は収束することになる。現実には、感染がひろまるにつれ、マスク着用、手洗い、密集を避けるなどの予防行動が強化され、このモデルではアルファが小さくなるので、１日の感染数が最大になる日 Dm が延びて、感染飽和比 Km は減少する。α が 80％に減少したとき、Dm~210 ， Km~0.73；α が 70％に減少したとき Dm~270 ， Km~0.62となる。

（2）外出規制の効果
　４月８日の外出制限の効果を算出する。
外出率 50%（茶）、30%（緑）、20%（赤）10%（青） の４ケースについて、感染者数の推移を下図に示す。

陽性確認者

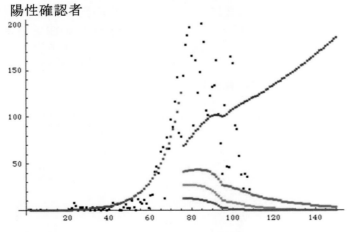

４月７日（グラフの目盛りで 75）までは当然ながら３ケースとも共通

であり、外出規制が始まる4月8日に、不連続に感染者が減少している。この不連続は、検査の遅れを無視したためであり、後に示すように、検査の遅れを考慮すると、規制後の数日は、むしろ陽性確認者は増加を示す。外出率50%の場合は、再生産数 R＝αn （m−1）×0.5=1.24＞1 であり、増大する結果になっている。検査の遅れを無視した結果であるが、外出制限の効果はよく表れている。

(3) 検査の遅れの影響

日本では、医療崩壊を防ぐためという理由で、原則として高熱が4日間続いた場合に検査をするというルールで検査を行なっている。現実のデータと対照するためには、この遅れを考慮する必要がある。これは、式(1)，式(2)を，遅れ $d \neq 0$ として解くことになる。検査の遅れのない場合とデータの対応において整合性を保つために、初期条件を k(1-d)すなわち(1-d)日の感染者数 = 10 とした。この場合、d日早く感染が始まるので、実際のデータとフィットするために、αn=0.125 とパラメータの値を若干小さくしている。

d=4 の場合について、外出率 0.3（青），0.2（緑），0.1（赤） の結果を下図に示す。

検査の遅れのある場合の陽性確認者の推移
<u>d = 4</u>
陽性確認者／日

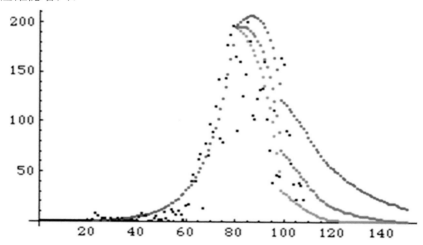

外出制限が始まった日以後（4月8日、上のグラフの76）数日は実際のデータのように増加していることが見られる。全体に、実際の推移の特徴

をよく再現していると思われる。

　次に、検査の遅れの日数を増減することによって、結果がどう変わるかを調べる。下図は、外出率 0.2 の場合に、d＝6（赤）, 4（緑）, 2（青）としたときの結果を示す。

検査遅れの日数による違い

外出率 0.2

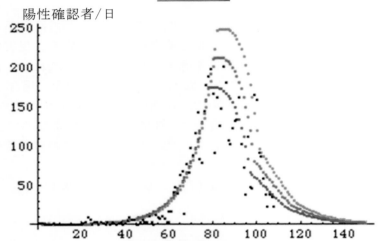

陽性確認者／日

　遅れ d が減るほど、陽性確認者のピークは低く、かつ左にずれることが分かる。なお、上記の二つの計算では、感染者の内、PCR 検査を受けた人の割合 γ について、0.1 と仮定している。

（4）陽性検査・隔離の効果

　日本における PCR 検査は韓国、台湾などに比べて、相当少ないという事実があり、感染を抑止するためには、検査数を増やし、感染者の隔離を増す必要があるという意見を多くの専門家が表明している。できるだけ多くの感染者を隔離することができれば、感染源が減少するわけであるから、感染の蔓延を防ぐ有効な手段であることは明らかである。他方、検査数を増やすと、患者が増大して医療崩壊が起きる恐れがあると反対する議論もある。（当初の、政府見解）この問題について、専門外の筆者として、ここで立ち入ることはしないが、今のモデルで、検査の割合をふやすと、陽性確認者ならびに感染者の総数がどう変わるかを調べてみる。ここで、検査数といわず、その割合（陽性確認者／総感染者；当モデルでは γ）としていることに注意を願いたい。この割合は、その数値をあらかじめ決めることは困難であるが、検査基準を緩めることにより増加させることはでき

る。

　ここまでの計算では、γ = 0.1 と仮定してきたが、この比率を２倍（γ = 0.2）、３倍（γ = 0.3）にした場合の計算を行ない、現行（γ = 0.1）との比較を行なう。外出規制後の外出率については、0.2 とし、検査の遅れは４日（d=4）とした。初期条件は、いずれの計算でも初日の感染者数 k(1-d)=10 とした。

陽性確認者数の推移の結果を下記の図に示す。現行は赤、２倍が緑、３倍が青である。

PCR 検査率の違いによる陽性確認者の推移

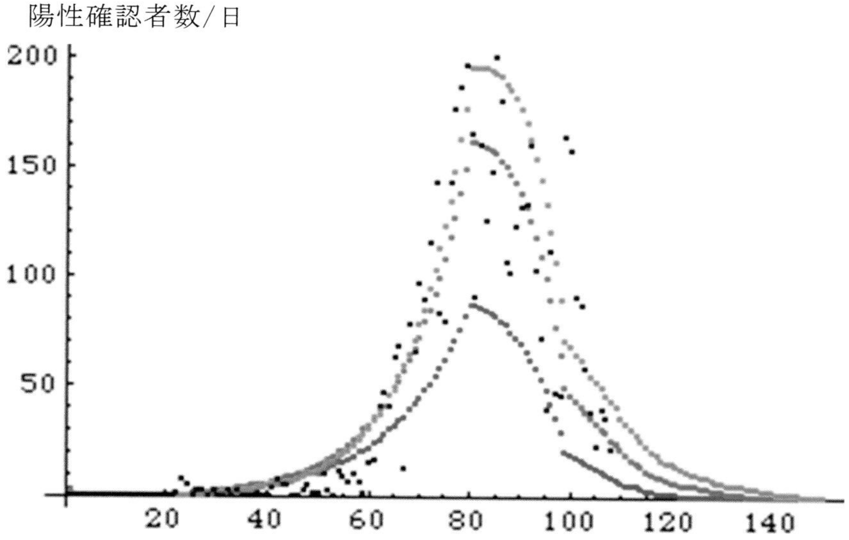

陽性確認者数/日

検査の割合を、２倍、３倍に増やしたにも関わらず、陽性確認者の数は減少している。実際の検査では、検査の基準を緩めれば（γを増やせば）陽性確認者の率は下がるだろうから、

検査数は上のグラフとは異なる。しかし、γ =0.1 のときと、γ =0.3 のときの陽性確認者数は約 1/2 であるので、検査による陽性者の発見率がγ =0.3 のとき γ=0.1 のそれと 1/2（検査数が２倍）であるとしても、検査数は同程度の数であることになる。

　一番重要なことは感染者数の推移である。感染者数は陽性確認者数／γで与えられる。下図に、PCR 検査の基準の程度による感染者数の推移の計算結果を示す。

PCR 検査率の違いによる感染者数の推移

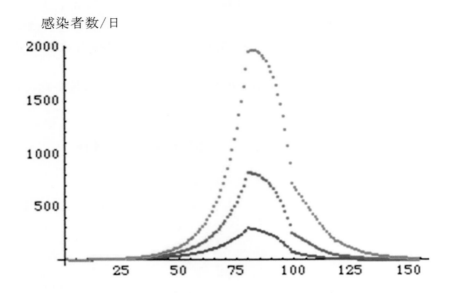

感染者数/日

グラフの上から、現行（γ=0.1;赤）、検査率2倍（γ=0.2;緑）、検査率3倍（γ=0.3;青）
である。検査率を増やしても、検査数はそれほど増えないことが予想されるのに反して、感染数は、顕著な減少を示すことが表れている。

[結語]
　簡単なモデルを設定し、東京都の日別の陽性確認者数のデータを唯一の手がかりとして、これまでのデータを再現し、今後の予測を試みた。合わせて、外出規制の効果、PCR検査の基準の程度（隔離者の数と直接関係する）、検査の遅れ、についての影響がどのようになるかをシミュレートした。このシミュレーションの最大の仮定は、実際の感染者数と陽性確認者数がある比率（γ）で与えられるとしたところである。感染は隔離されていない感染者を通して起きることであるから、感染者数を問題にしなければ始まらないからである。この比率は現在のところ、専門家においても推測の域をでないものであるが、今後、全体的に抗体検査などが実施されることにより、ある程度明らかになるであろう。
　このシミュレーションの結果で、重要と思われるのは、PCR検査基準をできるだけ低くする、すなわちできるだけ多くの感染被疑者を検査し、陽性確認者を特定し隔離することである。そのための検査数は基準を厳しくし検査数を絞った場合に比べて同等もしくはむしろ低く抑えられる可能性

がある。肝心なのは、感染のごく初期の段階からこれを実行することである。台湾が感染の押さえ込みに成功したのはこのことを実行したことにあるのではないかと考える。もちろん、感染者数が増大した段階で途中から行なうことは、それでも感染者抑止に有効であろうが、相当の検査並びに隔離の負担を覚悟しなければならないであろう。

　現在、日本では全国的に一応、収斂の方向に向かっているようであるが、今後、2波、3波の流行が起きることも恐れられており、その時に、このこと、すなわち初期段階からできるだけ緩い基準で検査を実施する方針が採られることが感染抑止に有効であると考える。

　この仕事は、4月初め頃から、Home Stay が叫ばれるようになり、自宅にこもる時間の徒然に、暇つぶしを兼ねて始めたことであり、感染症や医療には全くの門外漢が行なったしミュレーションであるから、専門家から見れば、重要な要因を落としている、現状に即していないなどいろいろな不備が指摘されるだろうと思われる。当然のことであるが、この試算の結果で、多少とも参考になる点があれば、それを今後に活かしていただければ幸いと考える次第である。

新型コロナウイルスの蔓延に関する一考察

科学教育総合研究所　小田垣　孝

　隔離される感染者数を変数として取り込めるように従来の感染症の SIR モデルを改良し、新型コロナ感染症の蔓延初期の感染の特徴を分析する。隔離率を見積もれば、日ごと隔離者数から市中感染者数を推定できること、および隔離率を増大することにより蔓延を効果的に収束させられることを示す。

1　はじめに

　昨年 12 月に中国で発生した新型コロナウイルス (SARS-CoV-2) は世界中に蔓延し、感染者数は 5 月 14 日現在世界で 430 万人以上、日本でも 1 万 6 千人以上となっている。世界中で懸命な対応が行われ、日本でも全国的な緊急事態宣言の下、厚生労働省の予測に基づき、人と人との接触を 8 割減少させることが求められている。

　従来、インフルエンザなどの感染症の流行の様子は、未感染者(S)、感染者(I)、除去者（隔離者＋快復者＋死者）(R)を考えた SIR モデル[1]で説明されており、新型コロナウイルスの流行についても SIR モデルで理解できると、科学 5 月号の牧野の解説記事[2]で述べられている。SIR モデルによると、感染者数や新規感染者数は、実効再生産数が 1 より大きいか小さいかによって、指数関数的に増加するか、減少する。一方、日本の 4 月中旬の 1 週間の日ごとの PCR 検査陽性者数を見ると、全国で 400-600 人/日、東京では 100-200 人/日で変化が小さいように見える。これは、SIR モデルでは実効再生産数がちょうど 1 くらいになっていることを意味するが、何故そのようなつり合いが成り立っているのであろうか。また、SIR モデルでは隔離された感染者も市中の感染者も治癒あるいは感染力がなくなるまでの時間が同じとして扱われており、SIR モデルは現状を正しく表していないと思われる。

　新型コロナウイルス感染症 (COVID-19) は、政令第十一号(令和 2 年 1 月 28 日)により指定感染症として定められ、感染者は隔離されることになっている。感染者数が急激に増えており、重症者のためのベッドを確保するために、軽症あるいは無症状の感染者はホテルなど別の施設で隔離されるようになっている。それでも隔離された感染者は、原則的には未感染者との濃厚な接触はなくなり、他の人に感染させないはずである。

　本小論では、感染者には、隔離された隔離感染者と、未検出のまま市中に留まっている市中感染者がいることを考慮して SIR モデルを改良し(SIQR モデルとよぶ)、そのモデルに基づいて流行の現状の分析と流行を押さえるための対策について考察する。

2　SIQR モデル

　新型コロナウイルスによる感染は、（1）潜伏期間が長いこと、（2）無症状者がいること、（3）市中感染者の減少に寄与するのは、市中感染者の感染力保持期間（ウイルスを感染させなくなるまでの期間）を短くすることであり、隔離者の治癒ではないこと、（4）観測される量は、日々隔離される人の数（日ごと陽性者数）、累計感染者数、PCR 検査陽性率、PCR 検査数と PCR 検査の精度、退院数、重症化率等限られていること　という特徴を持つ。従って、これらの中で最も重要と考えられる観測量を見いだして（市中）感染者数と関係づけるための、モデルの構築が必要となる。

　これまでの感染症の場合は、通常潜伏期間を経て発症し、発症した感染者は隔離されることになる。このような感染症に対するモデルとして、潜伏期間中の感染者(Exposed)を考えた、SEIR モデル[3] が知られている。新型コロナウイルスの場合、潜伏期間が長いという特徴があり、これまでの感染症のように発症して隔離される場合もあるが、まったく発症せずに、接触者に感染させ、無症状のままウイルスをある期間(感染力保持期間)保持し、快復する例があると報告されている。一方、隔離された感染者は、原則的には未感染者にウイルスを感染させることはなく、また治癒するまでの時間は、薬の投与などで短縮できる場合もある。さらに、日ごと陽性者の数は、データの集約に問題があるようだが、特徴のある時間変化を示している。政策によって変えることができるのは、都市封鎖などによる人と人の接触頻度、PCR 検査による陽性者の発見と隔離および薬の開発による隔離されている感染者の治癒率の向上である。

　ここでは、これらの政策依存の効果をあからさまに扱えるように、通常の SIR モデルでは除去者に含まれている隔離者を隔離感染者として独立な変数として扱う。そこで全人口(N)を、未感染者 (S:Susceptible)、市中感染者(I: Infected-at-large)、隔離感染者(Q: Quarantined)と快復者(＋死者)(R: Recovered) に分ける。　隔離感染者(自宅、病院での隔離を含む)の日ごとに増加する量が、PCR 検査によって陽性が確認され、隔離された人の数になる。未感染者に感染させるのは市中感染者だけ（隔離された感染者からの感染も見られるがここでは無視する）であるから、それぞれのカテゴリーの人数の時間発展は、

$$\frac{dS}{dt} = -\beta SI \tag{1}$$

$$\frac{dI}{dt} = (1-q')\beta SI - qI - \gamma I \tag{2}$$

$$\frac{dQ}{dt} = q'\beta SI + qI - \gamma' Q \tag{3}$$

$$\frac{dR}{dt} = \gamma I + \gamma' Q \tag{4}$$

で表わすことができる。ここで、各項の意味を説明しておく。β は未感染者と感染者の接触による感染係数であり、βSIは未感染者と感染者の接触により単位時間に生じる新規感染者の数を表す。その数だけ未感染者から減り、その一部$(1-q')\beta SI$　が市中感染者、残り　$q'\beta SI$ が隔離感染者になることを表している。つまり、q' は新規感染者の中で、陽性が確認され、隔離された人の

割合である。qI は市中感染者の中で感染が確認された人の数であり、その人数は単位時間の間に市中感染者から隔離感染者になる。q は隔離率を表す。γ'は隔離感染者の治癒（＋死亡）率であり、一人の患者が発症後治癒するまでの日数の逆数である。医療関係者の努力や治療薬の開発はこの γ' を大きくすることにある。 γ は市中感染者の治癒率であり、感染後自然に感染力を持たなくなるまでの日数（感染力保持期間）の逆数である。無症状者は、通常治療できないので、その感染力保持期間を人為的に変化させることは難しい。なお、この連立微分方程式(1)〜(4)は、人口の保存則 $S + I + Q + R = N$ （一定）を満たしている。

　　ここでは、感染初期で感染者や隔離された人、快復された人の数が人口より十分小さく $I + Q + R \ll N$ が成立し、$S = N$ と近似できる感染の初期のみを考えることにする。また、潜伏期間が2週間ほどと言われているので、感染直後の感染者が隔離されることはないから、$q' = 0$ とする。このとき、感染者数の満たす微分方程式は

$$\frac{dI}{dt} = \beta NI - qI - \gamma I \equiv \lambda I \tag{5}$$

$$\frac{dQ}{dt} = qI - \gamma'Q \tag{6}$$

となる。ただし、λ は

$$\lambda = \beta N - q - \gamma \tag{7}$$

であり、感染者数の増減率を決定する量である。（1）、（4）式はそのままである。後に見るように、パンデミック収束のための議論において、本質的な役割をするのは(5)式であり、SIR のものと同じ形をしている。重要な相違は、(5)式右辺の γ が市中感染者の感染力保持期間の逆数であり、隔離されている感染者の治癒時間の逆数γ'ではないこと、および隔離率を導入していることである。

　　この簡略化した式では、(5), (6)式右辺の qI が、日々発表される日ごと PCR 検査陽性者数であり、この量はおおよそ潜伏期間ほど前の市中感染者数を反映しているという感染症の専門家の指摘がある。これらの式を用いて、流行の現状を分析し、有効な対策を考察する。このモデルは、都市ごとの取り組みの違いや感染者の履歴、例えば感染後何日目くらいから感染力が大きくなるなど、を無視し、平均的な振る舞いのみを記述するものであることを注意しておく。また、以下で示す数値は、大変大雑把な推測に基づくものであり、精度の高い分析や予測ではないことを断っておく。

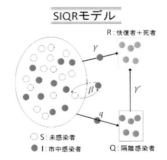

図1　感染症のSIQR モデル。未感染者は、感染者と接触してβの割合で感染者となる。

3 感染拡大の様子

3.1 日ごと陽性者数と市中感染者数

　新型コロナ感染症の問題で、毎日報告される重要な観測量は、日ごと陽性者数、すなわち新規感染者数＝隔離者数であり、それを $\Delta Q(t)$ とする。検体の採取後の時間が不揃いなど、データの報告の仕方に問題があるようだが、ここで導入したモデルの範囲では、その日に何人隔離され、それが全体の市中感染者の何倍になっているかということだけが問題となる。このモデルでは、（5）式のように $\Delta Q(t) = qI(t)$ と表している。すなわち、

$$I(t) = \frac{\Delta Q(t)}{q} = \frac{\Delta Q(t)}{\beta N - \gamma - \lambda} \tag{8}$$

の関係があることが分かる。従って、λ、βN、γ の値が分かれば、日ごと陽性者数から市中感染者数を推定することができる。特に、4 月中旬のように日ごと陽性者数、従って市中感染者数がほぼ一定と思われる期間では $\lambda = 0$ であり、$I(t) = \Delta Q(t)/(\beta N - \gamma)$ となる。牧野[2]の推定値 $\beta N = 0.07$、$\gamma = 0.04$ を用いると、日ごと陽性者数のおよそ $100/3 = 33$ 倍が市中感染者数となる。次節のデータフィッティングから得られる値 $q = 0.096$ を用いると、$I(t) = 10.4\Delta Q(t)$ となり、その頃の全国の感染者数はおよそ 5000 人、東京都でおよそ 1500 人と推定できる

3.2 日ごと陽性者数の変化の考察

　(5),(6) 式は、パラメータが時間に依存しなければ直ちに解くことができ、

$$I(t) = I(t_0)e^{\lambda(t-t_0)} \tag{9}$$

$$Q(t) = Q(t_0)e^{-\gamma'(t-t_0)} + I(t_0)\frac{q}{\lambda+\gamma'}\left(e^{\lambda(t-t_0)} - e^{-\gamma'(t-t_0)}\right) \tag{10}$$

を得る。ただし、$I(t_0)$, $Q(t_0)$は、時刻 t_0 における I と Q の値である。期間ごとにパラメータの値が変化するので、これらの式を全期間にそのまま適用することはできないが、これらの式を期間ごとに考えて、日本で何が起こっているのかを分析してみる。なお、(10)式は、隔離感染者数の時間変化を表す式であるが、ここで考察するパンデミックに対する対策の考察には主要な働きをしないので、以下の議論は(9)式に基づいて行う。COVID-19 の感染拡大／縮小を論ずる場合、主要な働きをする変数は、市中感染者数$I(t)$、日ごと陽性者数$\Delta Q(t)$および、増減率 λ を決める三つのパラメータβN、q、γ である。

　感染者数が感染初期にどのような経過を辿るのかを考える。感染が始まった頃は、発症者はなく PCR 検査もされないので、$q = 0$ であり、また快復することもないので、$\gamma = 0$ としてよい。従って$I(t) = I(0)e^{\beta Nt}$ のように、市中感染者数は指数関数的に増加する、すなわち倍加時間 $0.693/(\beta N)$ごとに 2 倍になっていく。一月くらい経つと、ある割合で快復する人が出始めるので、増加率はやや減少して$I(t) = I(t_0)e^{(\beta N-\gamma)(t-t_0)}$ のように振る舞う。市中の感染者の数が増えると、ある割合で発症者が現れ、さらにその重症化率倍した数の重症者が現れる。その過程のいずれかの時点で、PCR 検査陽性者の隔離が実施されるようになり、市中感染者数は$I(t) = I(t_0)e^{(\beta N-\gamma-q)(t-t_0)}$ のように変化する。さらに感染者が増加すると、隔離率(q) を上げ、さらに行動制限を強いて感染率 (β) を小さくし、極端な場合は都市封鎖によって β を限りなくゼロに

近づけて、市中感染者数を減少させる政策がとられる。このように各期間において、市中感染者数は何らかの指数関数で表すことができる。

様々なパラメータを推測するために、日ごと陽性者数に着目する。感染症の専門家の指摘によれば、ある時点の市中感染者数に比例して新規感染者が生じるから、およそ潜伏期間の 2 週間後

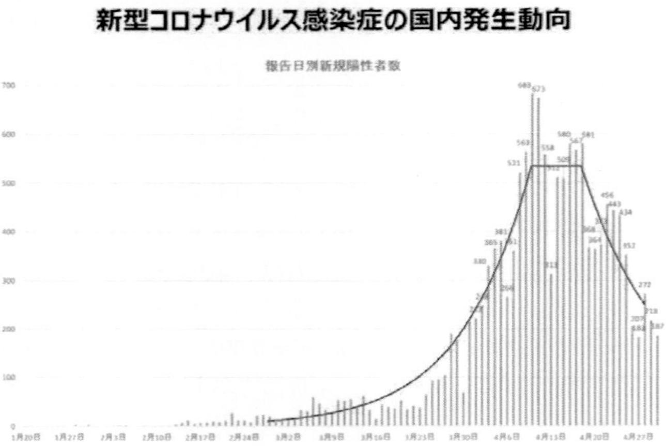

新型コロナウイルス感染症の国内発生動向

図 2　日本全国の日ごと陽性者数の変化を 4 つの区間毎に指数関数フィット
したもの。データは、厚生労働省発表のもの。

の日ごと陽性者数になっている。この対応関係が正しいとすれば、日ごと陽性者数の時間変化は、同じ政策が採られている期間ごとに異なった指数関数で表せることになる。SIQR モデルには、遅れの効果や感染者の履歴は全く考慮に入れられていないこと、また潜伏期間は人によって異なることも考慮していないことから、ここでのパラメータの見積もりは非常に大雑把なものに過ぎないことを強調しておく。

日本全国の 3 月、4 月の日ごと陽性者数(隔離数)を目視により 4 つの期間(表 1 に示す)に分け、2 月 29 日において $\Delta Q = 10$ として、期間毎に指数関数でフィットしたものを、図 2 に示す。公表されているデータは、様々な要因でばらつきがあるので、フィッティングも目視による大雑把ものに過ぎないことを断っておく。

フィッティングで求まった λ の値から、βN、γ、q の値を見積もることができる。まず市中感染者の治癒率はほぼ一定と考えられ、感染力を失うまでの日数を 33 日として $\gamma = 0.03$ を仮定する。次に、感染症が現れた初期は、市中感染者の中で隔離される人はごく少ないと考えられるので、最初の期間では $q = 0$ と近似する。第 2 期の λ の減少は、厳しい制限の下での隔離が始まったこと(q の小さな増加)、第 3 期のそれは本格的な隔離によるもの(q の増加)と仮定した。さらに、感染率は最後の期間を除いて一定、隔離率は後の 2 期間では一定と見なす。このような考察に基づき、各区間で決めたパラメータの値を表 1 にまとめる。

基本再生産数を、$R_0 = \beta N/(q + \gamma)$ で定義すると、第 1～4 期でそれぞれ、4.2, 3.5, 1, 0.4 となる。第 1、2 期の基本再生産数は、専門家会議の用いる値よりは少し大きいが、データのフィ

表 1　推定されたパラメータの値。λ はフィッティングで得た値、（）付きは他
のデータからの推測値、下線付きは先の期間の値をそのまま使ったもの。

期　間	3.1~4.2	4.2~4.11	4.11~4.19	4.19~4.29
（2 週前）	2.16~3.19	3.19~3.28	3.28~4.5	4.5~4.15
λ	0.096	0.090	0.0	-0.075
βN	0.126	<u>0.126</u>	<u>0.126</u>	0.051
q	(0)	0.006	0.096	<u>0.096</u>
γ	(0.03)	(0.03)	(0.03)	(0.03)

ッティングによる違いと考えられる。

　感染率 βN は、最初 0.126 であったものが、緊急事態宣言後の第 4 期には 0.051 と小さくなっており、市民の外出自粛の努力により、約 60%の接触減になっていると解釈できる。

　各期間のフィッティングに用いる関数により、これらの推定値は少し異なる。特に第 3 期は、減少率の小さい指数関数でもフィットできるが、少なくともこの期間は、PCR の検査がある程度増加し、微妙なバランスにより λ の値がゼロ近くになっていると解釈できる。より精度の高い分析は、より精度の高いデータが報告されてからの課題である。

3.3　如何にコントロールするか

　次に、感染者を減らす対策について考えてみよう。このモデルの範囲で理解すると、5 月 2 日の時点で、およそ 3000 人の市中感染者がいると推測できる。(9) 式は、λ が負の値のとき、1/|λ| 日程度で、市中感染者数がおよそ 1/3 になることを意味している。従って、現在の市中感染者数を減らすには、(7) 式の λ の値をできるだけ大きな負の値にすること、すなわち βN を小さくし、q と γ を大きくすれば良いことになる。感染率 βN は、感染者と未感染者の接触およびウイルスの感染力で決まる量であり、市民の外出自粛によって接触機会を減らすことやワクチン接種で小さくできる。隔離感染者の治癒率 γ' は、薬の開発や医療の対応で大きくなるが、市中感染者の γ を大きくする効果は望めない。政府や自治体の対策によって変えることができるのは、隔離率 q である。

　それぞれの対策の効果を比較するために、行動自粛率を x とし、隔離率を y 倍増加させる対策（検査方法を工夫して）を取ったときに、どのように感染者が減少するかを比較してみる。この対策の下での減少率 $\lambda(x, y)$ を

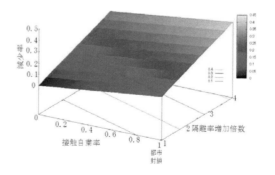

図 3　減少率(11)の接触自粛率、隔離率増加倍数依存性。表 1 の第 3 期の値を用いた場合。

$$\lambda(x,y) = |(1-x)\beta N - yq - \gamma| \qquad (11)$$

で定義する。上で得た表 1 の第 3 期のパラメータの値を用いると、 $\lambda(x,y)$ は図 3 に示すような x、y 依存性をもつ。市中感染者数の減少率は、接触自粛率よりも隔離率増加倍数に強く依存していることが分かる。

表 2　いくつかの対策の比較。市中感染者のウイルス保持期間を 33 日とした場合。この期間を 15 日とすると、(3)、(4)の場合の 1/10 のなる日数は、それぞれ 13 日、18 日となる。

対　策	x	y	$\lambda(x,y)$	1/10 になるまでの日数
(0) 表 1 第 4 期	0.6	1	0.075	31
(1) 8 割自粛	0.8	1	0.101	23
(2) 都市封鎖	1.0	1	0.126	18
(3) 隔離率 4 倍増	0	4	0.288	8
(4) 隔離率 2 倍増 と 5 割自粛	0.5	2	0.159	14

現在世界中で、都市封鎖を含む様々な対策が採られている。典型的な対策に対して具体的に市中感染者の減少率を求め、市中感染者数が 1／10 になるまでの日数 T を比較したものを表 2 に示す。また、市中感染者の変化の様子を図 4 に示す。

パラメータの設定に用いた関係が正しければ、日ごと新規感染者数も同じ指数関数で表されることになる。従って、この図の原点を、4 月 5 日にずらして考えると、それ以後 1 ヶ月間の日ごと陽性者数の振る舞いと見なすことができる。(0)は、第 1 図の第 4 期のフィッティング曲線と同一である。すなわち、実測された日ごと陽性者数の変化である。(1) ～(4) は、4 月の時点で、別の対策を採っていた場合に、予想される新規感染者の推移と見なすことができる。明らかに感染者を隔離する対策が最も有効であることが分かる。このことは、既に多くの専門家が指摘しているところである。

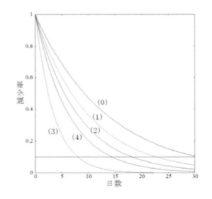

図 4　いくつかの対策による市中感染者数の減少の様子の比較。(0) 表 1 第 4 期、(1) 接触 8 割自粛、(2) 都市封鎖、(3) 隔離率 4 倍増、(4) 隔離率 2 倍増と接触 5 割自粛。日ごと陽性者数も同じ振る舞いをすると考えられる。

もちろん全員検査は物理的にも、時間的にも、極めて難しいであろうが、「発熱後 4 日間待って検査する」という当時の方針を改め、発熱、咳・痰、味覚障害、倦怠感など感染症の兆候が一つでも出た人（できればその接触者全員を含めて）は、即日 PCR 検査を行い、陽性者の（ホテル・自宅での隔離を含めた）隔離を行うことが有効であったと考えられる。図 4 の曲線（4）で示した

ように、隔離率を2倍に増やし、接触自粛を5割程度にするだけで、都市封鎖(2)より効果的であることが分かる。

　隔離数を増やすと、医療関係者や行政の担当者、隔離される人とその家族は大変であろうが、すでにいくつかの自治体が取り組んでいるように、うまく機能する隔離の仕組みを導入し、市中感染者の隔離の効率を上げるためにPCR検査あるいは抗原検査を増やすべきである。

4　考察

　まず、隔離の効果についての考察から始める。重要な基本方程式は、(5)式であり、これまでのSIRモデルと同じ形をしている。これまでは、通常(5)式右辺の最後の2項がまとめて考えられ、隔離は重症者を病院で早く手当てする手段と考えられているようである。現場の医師から、隔離を増やすと、医療崩壊を招くと悲痛な訴えがなされていた。この考えに立てば、感染を収束させるには、(5)式右辺の第1項の新規感染者を減らすしかなく、行動自粛が唯一の政策と言うことになる。しかし、これまで法定伝染病の場合、隔離は感染者を市中から除くために行われていたし、インフルエンザの場合4日間自宅待機（隔離）が求められている。つまり、隔離は、感染者の増える割合を(5)式の右辺1，2項と考えて、$(\beta N - q)I$ を減らす手段になっていた。このように考えると、何故検査を増やして、できるだけ多くの感染者を隔離することが効果的なのかを理解することができる。表1の第3期では $(\beta N - q)$ の βN と q は、やや前者が大きいがおおよそ同じ程度である。8割の行動自粛は、βN を $0.2\beta N$ にすることであり、感染者減少率におおよそ0.1小さくする寄与をする。一方、隔離を2倍にすると q が2倍なり、おおよそ0.1小さくする寄与がある、すなわち、日本の場合、行動自粛8割と同じ効果を持っていたはずである。q を増しても医療崩壊を起こさない体制があれば、隔離を4倍にすることによって、さらに効果的にパンデミックを収束に向かわせる効果が期待できることになる。

　隔離の効果を分かり易くするためには、有効再生産数 R_e を1日の市中感染者の増えた数（新規感染者数と隔離感染者の差）と快復した人の数との比で定義する：

$$R_e = \frac{\beta N - q}{\gamma} = 1 + \frac{\lambda}{\gamma} \tag{12}$$

すなわち、R_e=1のときは、単位時間内に市中に増加する新規感染者と感染力をなくす市中感染者の数が同じになって、一定数の市中感染者が存在し続けることになる。感染の拡大期では R_e は1より大きくなり、縮小期には1より小さくなる。望ましいのは、新規感染者数以上の隔離を行って、R_e を負にすることである。表1のデータについて R_e を求めると、第1期から順に、4.2、4.0、1、−1.5 になっている。

　パンデミック対策の基本となるのは、（1）新規感染者ができるだけ出ないようにすること及び（2）市中の感染者をできるだけ速やかに減少させることである。（1）の対策としては、都市封鎖や外出自粛であり、現在の日本の対策の中心である。感染者の隔離は（2）のための対策であり、その効率的な実施体制の確立は政府の責任になろう。（1）の対策を取らないと、市中の感染者がどんどん増え、その数を上回る隔離が必要になって、隔離体制そのものの崩壊や医療崩壊が起こることが危惧されるだけでなく、それによる経済的損失が（1）の対策による損失を越えることもありうる。ここで示したことは、パラメータの正しい値を推定し、その値に対応した図3，

図4を用いて、市民生活と経済に対する二つの対策をバランス良く採用すれば、COVID-19を収束させる最適な方法が見つけられるということである。

　次に、モデルの妥当性の検証の一つとして、隔離率 q と感染者が発症する割合、発症率との関係を見ておく。このパラメータ q は、発症率×検査率×その他の因子 で与えられる。一人の人が発症した時、現在の日本の方針では4日間待ってからの検査になるから、1日あたりの検査率(1日に検査される人の数／1日に発症する人の数)は 0.25 程度と考えることができる。前節で得た $q = 0.096$ を用いると、その他の因子が1として、発症率はおよそ38%となる。その他の因子としては、様々な効果が考えられる。隔離率を下げる因子として、PCR 検査キットの精度、多くの人が長く待たされことが上げられる。隔離率を上げる効果としては、発症者に対して周囲の接触者も同時に検査することが上げられる。これらの因子を含めた有効検査率の推定は難しい。直感的には有効検査率は 2〜3 倍程度大きく、従って発症率はおよそ 0.1〜0.2 と予想している。現在、発症率として色々な数値が示唆されているが、この値に近い報告もある。

　表1の第4期以後5月初旬までの新規感染者の変化は、第4期のフィッティングに用いた指数関数にほぼ乗っていることが確認でき、上記の分析に矛盾はないと考えられる。

　2月から4月にかけての政府の方針は、公式的には医療崩壊を防ぐためにPCR検査数を極力減らすというものであった。これは、結果として市中に有症状感染者を残したことになり、さらにその人から感染した市中感染者を増加させたと思わざるを得ない。この方針は (7) 式の q を小さくし、λ が大きくしたことになる。

　感染係数を小さくするために行われている人と人との接触頻度を下げる対策は、市民に極めて大きな影響を与え、さらに経済を少なからず減退させており、ひとえに市民生活と経済を犠牲にするものである。一方、隔離率を上げるために、効率的な検査体制と隔離の仕組みを構築することは政府の責任である。政府が、「接触8割減実現」のみを主張するのは、責任放棄に等しい。幸い、多くの自治体が独自の取り組みで、検査－隔離体制を築きつつあるのは、新型コロナウイルスの蔓延を終息に向かわせるための大きな前進と言えよう。

　新型コロナウイルス感染症は、潜伏期間が長く、また無症状感染者が感染させるというこれまでにない感染症であり、韓国、台湾やベトナムで行われたように感染者を徹底的に隔離する以外に有効な対策はないと思われる。これはまた、古より培われてきた知恵でもある。

　快復者(自然免疫を持っている人)が増加すれば、集団免疫によって感染が終息に向かうが、その効果は、本考察で仮定した近似 $S = N$ を用いないことで取り入れることができる。未感染者が減少して、感染が終息に向かうのは数ヶ月から1年先のことである。この対策を採った場合、自然免疫を持つ人が増えるのを待つ間に、数100万人の感染者と数万人の死者が出ると予想されており、スウェーデンが採用しているこの方法は到底受け入れられないであろう。

　最後に、最近テレビでよく聞く PCR 検査の陽性率について触れておく。陽性率を考える場合、検査対象となった母集団によってその意味合いが異なることに注意する必要がある。検査対象が無作為抽出された市民であれば、陽性率を市中感染率の尺度として用いることができる。しかし日本の場合、主として濃厚接触者や感染が強く疑われる者のみを対象として検査が行われており、陽性率は「その方々の接触の濃厚度」を表す尺度と考えるべきである。隔離対象者を市民の中か

ら効率よく見つけて検査すれば、必然的に陽性率は高くなる。

　本考察をまとめた後、SIQR モデル［4］や潜伏期間を含めた SEIQR モデル[5]が既に提案されていたことが分かった。しかし、これらの論文では、検査による隔離や日ごと陽性者数の概念は導入されていない。

謝辞

　議論して頂いた松下貢、佐野雅己、山崎義弘、藤江遼各氏に感謝いたします。また本論文のプレプリントに対して、多くの貴重な意見を寄せて頂いた方々に感謝いたします。

参考文献

[1] W. O. Kermack and A. G. McKendrick, Proc. Roy. Soc. A **115** (1927) 700.

[2] 牧野淳一郎、科学（岩波書店）**90** (2020) 428.

[3] R. M. Anderson and R. M. May, Science **115** (1982) 1053.

[4] H. Hethcote, M. Zhien and L. Shengbing, Math. Biosci. **180** (2002) 141.

[5] W. Jumpen, B. Wiwatanapataphee, Y. H. Wu and I. M. Tang, Int. J. Pure & Appl. Math. **52** (2009) 247.

ウィルスと抗体のせめぎ合い

——VKWモデル

九大名誉教授　　　中山　正敏

＄1．はじめに

　新型コロナウィルスの流行は一服したかのように見えたが、なお散発的な感染が報告されている（大島報告　図6）。それに対して、ただ自粛が呼び掛けられるだけで、現状の説明、今後の見通しともに論理に基づいた説明は専門家からもなく、市民はいらだって八つ当たりするばかりである。

　ウィルスの流行は、自然現象の一つである。その法則性を冷静に把握することが科学に求められている。私は、物性物理学の理論的研究を行ってきたが、生物学、医学には全くの素人である。しかし、物理学の立場からは現象の背後にある物質的な実体を知り、その性質と運動とを考えて行けば、やがて事の本質に迫ることができることを体験してきた。ウィルスの流行においては、片方の主役はもちろんウィルスで、増殖と感染とが主題となる。もう一方の主役は増殖を抑制する抗体である。その形成とそれによるウィルスの減少の理解が重要なカギである。

　ウィルスは、まずある個体に侵入して増殖と衰退の過程を経るが、一部は感染個体から環境へ放出される。それが他の個体に入ることが集団的感染である。このことから、ヒトの体内のウィルスV、ヒトの体内の抗体K、環境中のウィルスWの3種類の量を考えて、その時間的な変動を追い求めるモデル（VKWモデル）を提案する（＄2）。個体内のウィルスの変動、および個体間の感染については、最近ハムスターを用いた実験的な研究が報告されている（「紹介1」、「紹介2」）。そのVKWモデルによる解析を＄3で行った。日本における流行の状況は、VKWモデルによって説明できる（＄4）。また、いわゆるクラスター発生を取り込んだ解析を＄5で述べた。これらによって、VKWモデルはウィルス流行を考えるにあたっての、有効なツールであることが分かる。ウィルスと共生する道について＄6で述べる。

＄2．　VKWモデル
2A．個体の場合（vkモデル）

　まず、個体内でのウィルスと抗体の消長を考える。個体内では小文字を用いて、ウィルス密度を v 、抗体密度を k で表わす。個体内に侵入したウィルスは、増殖する。その時間率（rate）を a とする。侵入を受けた個体では、抗体が誘発され

る。その時間率をbとする。抗体は直接ウィルスを殺さないが、ウィルスがいるという情報を発信し、それによって出動したT細胞などがウィルスを殲滅する。このとき、抗体も消滅する。いわばウィルスと抗体との相討ちによって、両者が消滅する。その時間率をcとする。

　以上を数式で書けば、時間 d t の間の v と k との変動分は、次の式で表される。

$$d v = a \cdot v - c \cdot k \cdot v \qquad (1)$$
$$d k = b \cdot v - c \cdot k \cdot v \qquad (2)$$

この式を初期条件 t＝0 で v＝v_0、k＝0 から出発して解けばよい。例えば EXCEL などの表計算ソフトを使えば、手持ちの PC でできる。
その結果は、図1のようになる。

図1．ウィルス密度と抗体密度の変化

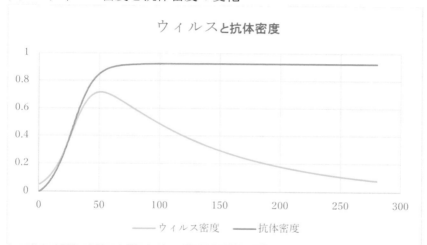

vは最初 exp(at) によって増加するが、抗体の形成に伴って時間率は a－c k となって減少し、やがてピークを経て減少に転じる。kはvに遅れて成長するが、式(2)から分かるように k＝k_s＝b/c に漸近する。このとき v は exp(-(b-a)・t) となり、b＞a ならば0に近づく。a＞b ならば暴走するが、そのようなウィルスは宿主を殺してしまい、その後は存在できない。

　式(1)の両辺をvで割ってみると、k(t)が分かれば

$$v = v_0 \cdot \exp(\int (a - ck(t')) dt') \qquad (3)$$

となり、k(t)が分かれば求めることができる（積分は t'=0 から t まで）。図1から、

$$k(t) = k_s \cdot (1 - \exp(-\lambda t)) \qquad (4)$$

と近似できる。その場合は、式(3)から

$$v = v_0 \cdot \exp(a \cdot t - b \cdot (t - (1/\lambda) \cdot \exp(-\lambda \cdot t))) \qquad (5)$$

となる。(4),(5)式は数値計算に対してよい近似となっている。

　実際には、ウィルス増殖、抗体形成、両者の相討ちの各過程には時間的な変動があり得る。それらは、係数a，b，cが時間の関数であるとして取り込むことができる。例えば、式(4)の形の立ち上がり関数であれば、計算はそれほど難しくはない。

　ワクチンによってすでに抗体が最初からある場合や自然免疫の存在は、kの初期値k_0が有限で、k_sの何割かあるとすれば表わせる。また、いわゆるサイトカインストームによって、抗体の存在が重症化を招くような場合は、cの係数が感染後のある時期から減少する、あるいはcが負になるとして表わすことができる。

２B．集団におけるVKWモデル

　N人の個体の集団を考え、個体をiで識別する。各個体内のウィルスと抗体密度をv_i、k_iとする。個体内での変動は上記の(1),(2)式による。個体間の感染は、ウィルスの環境を経ての移動による。集団のウィルス密度を$V = \Sigma_i v_i / S$、抗体密度を$K = \Sigma_i k_i / S$とする。Sは集団が占める空間の面積である。そこでの環境内のウィルス総量$/S = W$が、環境内のウィルス密度である。

　この場合のウィルスの変動は、個体から環境への放出時間率p、環境から個体へ転入時間率p'、環境からのウィルス除去の時間率qによって表わされる。集団での個体内のウィルス、抗体密度として平均値を取れば、時間dtの間の変動分は次のようになる。

$$dV = a \cdot V - p \cdot W + p' \cdot V - cK \cdot V \qquad (6)$$
$$dW = p \cdot V - p' \cdot W - q \cdot W \qquad (7)$$
$$dK = b \cdot V - c \cdot K \cdot V \qquad (8)$$

係数a、b、cの値は、一般には個体内とは異なる値を取るべきである。係数p、p'、qについては、前田報告のように感染についての研究結果を反映させればよい。

　初期条件t＝0でV＝V_0，W＝0，K＝0とした時の変化の一例は、$4で図に示す。

＄３．ハムスターの感染研究の解析

　第二部の「紹介1」に示したように、最近ハムスター（HS）間の感染についての基礎的な研究が香港大学のグループによってなされた（S.F.Sia et al, Nature on line ,14 May 2020）。その結果をvkモデル、VKWモデルによって解析する。

　まず、感染元ハムスターに鼻からウィルスを接種した後のウィルス密度の変

化は、「紹介1」図1のようになる。この図は半対数目盛であるから、ウィルス密度は急成長して、また急低下する。

　HSの症状は「紹介1」図2のように、HSの体重の減少として観察される。症状はウィルス密度最大のdpi=2ではまだ軽い。症状最大のdpi=6では、ウィルス密度はかなり低下している。

　次に、非感染のHSを感染元から1.8cm離れたケージにdpi=1の8時間入れて置く（「紹介1」図5）。その後、ケージは離して、それぞれのウィルス密度の変動を観察する。エアロゾル経由感染したHSのウィルス密度変化は、接種HSの曲線を時間軸に沿って移動したものとなる（「紹介1」図6）。密度は3日後に極大となる。体重減少は「紹介1」図7のようになる。

　なお、dpi=1〜13にわたって、感染元HSと同じケージに入れたHSでも、同様の感染が確認された（直接接触感染、「紹介1」図3,4）。

　dpi=6でもエアロ小ゾル感染を試みたが、感染は確認されない。感染は、エアロゾル経由（8時間）か直接接触（数日間）で起こる。一度の飛沫では、感染確率は極めて小さい。また、器物汚染による感染確率は小さいことが分かった。したがって、感染HSからエアロゾルあるいは他の形で環境に放出されたウィルスが、環境内密度Wを経由して別のHSへ感染させる。ケージの間にマスク用の布を挿入すると感染が1/3程度になるというような記載は、Nature論文にはない。

　なお、「紹介2」で述べたように、東大医科学研究所の河岡教授のグループもハムスターを用いて、最近精力的に研究を行っている。その結果は、「紹介1」とほぼ同じである。さらに、一度感染して抗体をもったHSは、免疫を持つことが確認された。また、感染後治癒したHSの血漿を感染HSに投与すると、肺のウィルス密度が1日で1/1000減少することを示した。

　さて、HS間の感染をヒトに応用するには、サイズ効果を考えねばならない。これについては、第二部の「一つのまとめ」で詳しく述べた。ヒトとHSの体重比は約500である。長さの比は約8である。HS実験のケージ間隔は1.8cmだが、ケージ自体の大きさは25cmぐらいあるから、physical distance(PD)は15cm、ヒトに変換すれば120cmである。肺の大きさは体重に比例する。感染に必要なウィルス量の比も500だろう。大ざっぱに言って、HS実験はPD=1.2mのヒトに相当する。呼吸の頻度は、体重の1/4乗に反比例する（本川達雄）。HSの呼吸回数はヒトの4.8倍である。以上から、ヒトでは4千万個のウィルスの移動によって感染する。エアロゾル感染に必要な時間は数十時間である。数十時間接触でうつる確率をほぼ1とすると、オフィスでは一日で1/4程度、1時間の通勤電車では3%。30分の面会は1%程度、15分のレジでは1%以下である。いずれにせよ、1回の呼吸では約20個のウィルスが出入りする。このようなことだから、1個たりともウィルスを出し入れしないと頑張っても、そうは行かない。

実験によって明らかにされた以上の結果のＶＫＷモデルによる解析を試みた。まず、接種 HS のウィルス密度をここではv0 と書いて、パラメータを調節してｖｋモデルにより計算する。このときに、式(4)により、$d(\log v) = a - c \cdot k$であるから、$\log v$の観測値からｋを推定した。次にＶＫＷモデルによって環境ウィルス密度Wを求める。さらに、感染先 HS 内のウィルス密度ｖを求める。これらの結果をまとめて示す。

図2. HS 間のエアロゾル感染のモデル計算

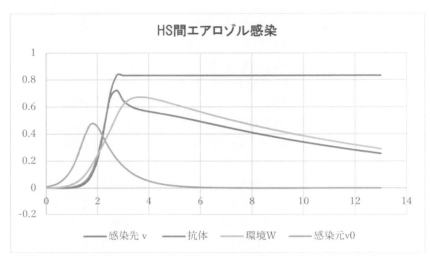

感染元 HS の密度ｖ0 と、非感染 HS の密度ｖ、環境内の密度Wを示した。 ｖ0 によるWを経由して、感染先のｖが dpi=1 の8時間だけ増加したとする。（ｖの初期値は 0）。なお、1 日後から 13 日間感染元と同じケージに入れた直接接触感染の場合も、ほぼ同様な結果である。

　密度の対数を取ると図3のようになる。

図3.　　密度の対数目盛図

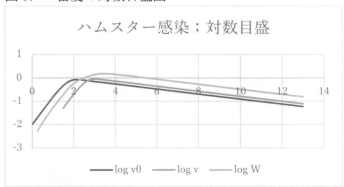

感染症状は、ウィルスと抗体との相討ちによると思われるので、ｖとｋとの積を

求めた。

図4. ウィルス密度と抗体密度との積

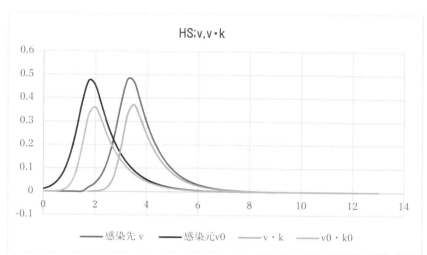

症状にはvに1次の効果もあるだろう。両者によって、HSでの観察結果は半定量的に説明できよう。

　このように、HSの接種感染、相互感染についての実験結果は、ほぼ説明できた。これは、ｖｋ、ＶＫＷモデルの有効性を示すと言えよう。

　HSの集団については、感染元HSとその周りの非感染HSについて考える。、非感染（ｖの初期値＝０）の平均とを考えると、図5のようになる。実際の集団では、平均ｖ×個体密度で感染状況が与えられる。

　図5. 感染元HSと非感染HS平均

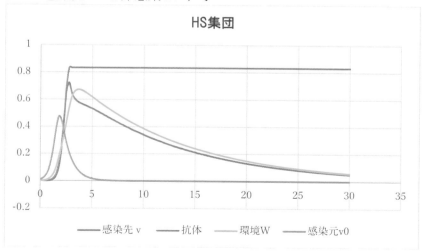

なお、ここでは感染先については個体平均値をとった。疫学的には集団内の個体密度nを考えて、Ｖ＝ｎ・Ｖと考えるべきで、ウィルス密度Ｖはｎに比例して増大する。また、係数ｐ、ｐ'もｎに比例するので、Ｗの変動は急になり、流行も急激に起こる。これらのことについては、ヒト集団について次節で検討する。

「紹介2,3」にあるように、河岡教授（東大医科研）グループの実験では、培養中のウィルスに感染して回復したハムスターの血清を投与して、ウィルスの増殖への影響を調べ、抑制効果があることを確認した。ｖｋモデルによって解析を試みた。

血清の投与は、ある時点でｋの値を急増することにあたる。実験との定量的比較には情報が不足しているので、定性的な結果を示す。

図6．　t＝1で血清投与した場合

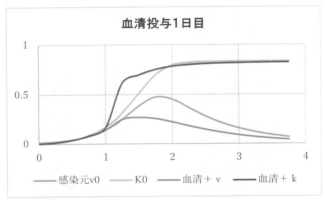

0が無投与の場合である。投与によってｋが増加するとｖの増加は抑制されることが分かる。

次に投与をt＝2で行った場合を示す。

図7．　t=2で血清投与の場合

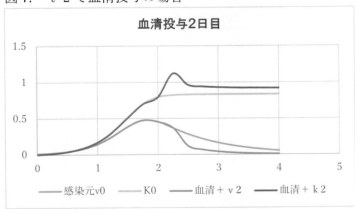

これは無投与ではｖがピークを過ぎた場合である。それはｋの値がすでに大き

くなっているので、さらに血清投与しても結局は k $_s$ に戻る。しかし、v、k 共に大きいので、相討ちの効果はかなり大きい。

＄４．ヒト集団の感染状況のVKWモデルによる解析

ヒトの集団についても、HS集団の場合と同様に計算した。その一例を示す。

図8．ヒト集団の感染状況の例

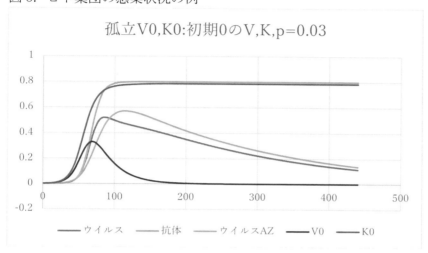

ウィルス密度の変動については、実効再生産率Rが問題とされている。このモデルでは、Vの増加分ｄVの相対値ｄV/VがR－１となる。流行の初期ではR＞１、ピークではR＝１、衰退期ではR＜１となる。感染者データでは、感染の時点が不明である。そこで、入院中の患者数によって推定した。

これをモデル計算と比べると、図９のようになる。

図9． 実効再生産率の解析

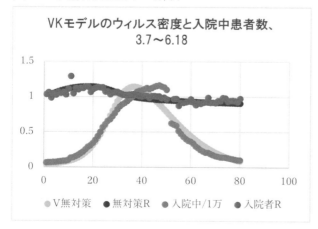

入院中患者数は統計の取り方から途中で変動しているが、ウィルス密度の曲線を少し移動したものとなる。Ｒの計算値も実際のデータにほぼ似ている。

標準ＳＩＲモデルでは、Ｒの変動は感染経験＝者感染者＋除外者が人口の数割に達して起こる。実際には、感染経験者は 1%以下である。これに対してＶＫＷモデルでは、治癒者が増えると抗体密度が増加し、環境内ウィルスを取り去る役目をすることにより集団としてもＶが減少するのである。上記の図は、いわゆる自粛はないとした場合の計算例である。

最近、４月ごろの日本の感染ピークは、３月中旬あたりの帰国者によるという研究がある。それをモデル化した計算を行った。また、４月上旬ごろに接触抑制をした効果の計算も行った。

図10　帰国者感染と接触抑制効果のＶＫＷモデル計算

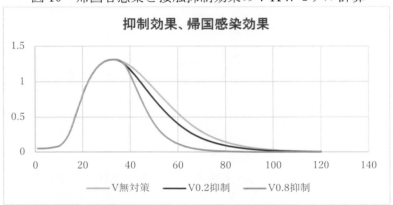

まず、無対策の場合は、オレンジ色のようになる。帰国者感染元を考えると、全体のＶ密度は増えて、幅がつく。感染元は@１０～２０にかけて入っているので、それからかなり遅れてピークが出る様子は、図９にほぼ近いと言えよう。この計算は、感染、抗体形成、相討ち効果にそれぞれ時間遅れがあるとしている。いずれにせよ、抑制策が取られる以前にＶの増加は鈍化し始めている。西浦さんの８割抑制が、R_0＝2.5 を前提としていたのが間違いで、実際は 0.7 ぐらいだったということが言われている。ＶＫＷモデルでは、まだＲ>1 ではあるが、かなり低下した時期に対策が始まった。

抑制策は、@31 に２割削減（接触頻度 f ＝0.8）、８割削減（ f ＝0.2）を導入したとして、青色、緑色の結果を得た。ところで、Ｖの積分値は、無対策の場合は54.3 だが、0.2 抑制では49.1（無対策の90%）、0.8 抑制では38.8（71%）である。感染率の低下はそれほどではない。最近、各国の抑制後の感染率を無対策と比べて分析した研究がある（N.Islam et al., BMJ, 2020:370:m2743）。それによると、抑制効果は世界平均で87%、日本では94%と言われている。

VKWモデルでは、種々の状況の流行への影響が解析できる。一例として、環境内密度Wは人口密度nに比例する。そこで、nによる流行の違いを図11に示す。

図11. 人口密度による流行の違い

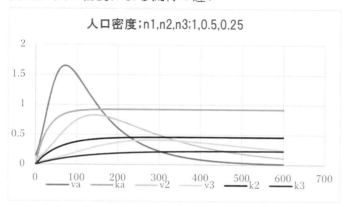

人口密度;n1,n2,n3;1,0.5,0.25

人口密度が減ると、ウィルス密度Vは当然低下する。しかし、一方でVは時間軸に沿って引き伸ばされて、流行は緩やかになる。その様子は相似則

$$V（t）　=　n・y（t/n）\qquad\qquad (8)$$

によって表わされる。$y＝y（x）$は普遍関数であり、nの違いはこの関数を縦軸方向にn倍、横軸方向にn倍引き伸ばせばよい。この$y（x）$が同じであれば、ウィルスは基本的に同じものと同定できる。

式（8）をtについて積分した値、すなわちV－t曲線下の面積は、nによらない。これは、ウィルスはいずれは誰の身体をも平等に通り過ぎることを示している。問題はもちろん、流行の程度である。Vの値が症状を与えるだろうから、ピーク近くが重症者数である。これが医療の設備、人員で処理できるような調整が必要である。接触抑制についても同様である。接触頻度fが大きいことは、nが大きいことに対応する。fを抑えてVのピークを下げることは重要である。しかし、自粛に協力してもいずれはうつるのである。

もちろん、ピークを下げている間に、医療機関の設備、人員の充実、重症者への対策設備などをしっかり準備することが必要である。

$5. クラスター発生効果の取り込み：VKWCモデル

大島報告図6. のように、実際に観測されている陽性感染者数の変動には、スパイク状の増加が頻発する。これは、感染クラスターによるとされている。専門家会議の報告によると、クラスター効果は次のようである。疫学的解析から推定した感染者からの無感染者への感染にはばらつきが大きい。実効再生産係数R

が 2.5 の場合でも、例えば感染者1〜4からの感染確率は極めて低いのに、感染者5からは10人に感染している。それは、感染者5が三密の場にいたからである。

そこで、これを以下のように取り込んだ。ある時点でのクラスター形成による感染者のパルス的増加dCを考える。

$$dC = W \cdot p_c \cdot L \cdot f \tag{9}$$

とする。整数Lは単位感染パルスの倍数で、例えば、3人、6人、3L人へ感染とする。$f(L) = \exp(-\mu \cdot L) / L!$ はポワッソン分布である。

ウィルス密度Vは平均値であるが、その統計に出て来る新規感染者は今のモデルでは$p \cdot W$である。それとクラスター効果dCとを合わせたものが観測された新規感染者であるとする。その計算結果を図12示す。

図 12. クラスター効果を取り入れた新規感染状況

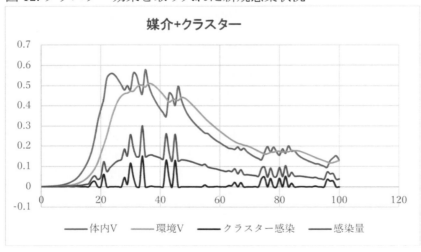

この図では、クラスター効果を強調した場合であるが、突破s津的なクラスター発生と、平均的な新規感染者の推移とが示されている。後者は、発表データでは、追跡不可能と言われている部分である。そもそも流行が進めば追跡不可能部分が増えて来るのは当然であり、元々統計的理論とはそのような場合にランダムサンプリングによって得られたデータの解析するものである。そこへクラスター形成効果を取り入れた。全体のウィルス密度、環境ウィルス密度の変遷が流行の基調を表わしている。これが一つのヤマを越えて減少することが第一波であ

る。その終息期にクラスター効果による増加がみられても、平均値が再び山に向かうことはない。それは、抗体が形成されているからである。ごく最近は、以前を上回る増加が観測されているが、どれは検査数の増加の効果と思われる。

　もちろん、これまでほとんど増加が無かった地域では、これkら第一波が始まるのだが、それも日本全体の第一波の一つの表れである。このように見れば、単なる数値の変動に一喜一憂せずに事態の推移を把握できる。

$6. ウィルスとの共生
　ウィルスとの共生を行うには、感染状況の推移を予測しなければならない。標準理論（ＳＩＲ）モデルは、有効ではない。加藤モデルや小田垣モデル（ＳＩＱＲ）では、対策による推移は予測できるが、抗体形成による感染の抑止は表わせない。最近、中村聡（佐賀大）は、無症状の感染者や、症状の度合いを取り入れた数値モデルを作って解析している（物理学会環境物理メールリスト内で討論中）。

　ＶＫＷモデルによる現状のイメージは、次ページの図 14. のようなものである。

図 14. ＶＫＷＣモデルによる現状

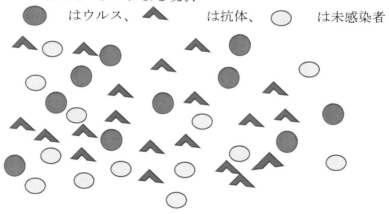

　　　　　はウルス、　　　　は抗体、　　　　は未感染者

流行が一服するとは、ウィルスよりも抗体が優勢な状況が部分的に作られているということである。ウィルスは、感染者の体内と環境にいる。抗体は治癒者の体内にいる。それに囲まれた未感染者へはウィルスが移動しにくい。まだまだ、未感染の集団もあるから、そこへ感染して行くことは、モデル計算できる。。

　これまでのことから言えることは、「絶対にうつらない」、「うつすことは悪いこと」、「うつった人は困った人」というような考え方は、間違っているということである。

　正しくは、「いずれは自分もうつる、しかしできるだけ軽くうつる」、また「高

齢者や弱者にはうつさないように努める」ということである。どの程度うつるかについては、ハムスターの所で述べたことが参考になろう。第二部の'新型ウィルスただようよ・・・'で、詳しい説明をした。それを踏まえて、自分はどの程度の確率でうつるかを心得て、さまざまな社会的な行動をとる、それは各人の生き方の問題である。「生き方」というとそれぞれの勝手となり勝ちだが、そうではない。確率という共通の尺度で持って考えるのである。本当の自己責任とは、そういうところから生じるのであり、他人にも理解してもらえるのである。そうすれば、うつった人を敬遠したり非難したりすることはない。

　ヒトはいずれは死ぬ。医学は最善を尽くしても、死をなくすことはできない。生存権は基本的人権ではあるが、不死という権利はない。死を強制したり、助かるべき命をなくすことは避けねばならない。しかし、つまりは「死ぬまでにいかに生きて行くか」ということだ。それには、サイエンス、医学は助けとなる。日本人の死因は次ページの表1のようになっている。

表1．日本人の死因（週刊東洋経済　2020.7.18）

新型コロナの死亡リスクは相対的に高くない
— 死因別にみた死者数（2018年）—　　（人）

総数	136万2470人
悪性新生物（がん）	373,584
心疾患	208,221
老衰	109,605
脳血管疾患	108,186
肺炎	94,661
神経系の疾患	48,249
腎不全	26,081
感染症（結核、敗血症、ウイルス性肝炎等）	24,127
認知症	22,551
自殺	20,031
大動脈瘤および解離	18,803
肝疾患	17,275
糖尿病	14,181
転倒・転落・墜落	9,645
高血圧性疾患	9,581
窒息	8,876
溺死	8,021
ヘルニア・腸閉塞	7,153
交通事故	4,595
インフルエンザ	3,325
胃潰瘍・十二指腸潰瘍	2,521

（出所）厚生労働省「人口動態統計」

参考 新型コロナウイルス（～6月28日）死者数 971

また、新型コロナに関係のある肺炎の死者数の変遷は図15.のようである。

図 15. 肺炎死亡者数の変遷（1895～2015、人口動態統計による：池田一夫、石川貴敏）

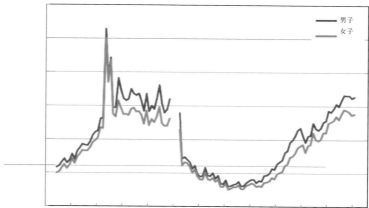

1910 年代のピークがスペイン風邪である。第二次大戦後、ペニシリンの登場によって肺炎死者は激減した。その後に小さなピークがあるのは、アジア風邪、ソ連風邪、香港風邪などと言われたインフルエンザ流行である。そのころは、自粛などはなかった。近年の増加は、誤嚥性肺炎で、寿命が延びたので顕在化した。今回の新型コロナの寄与はどの程度だろうか。

中山　正敏　m.nakayama@kyudai.jp

コロナ禍: 「逃避」モードから受容モードへの提言
- herd immunity as natural organism -

山内　良浩

0.　はじめに

　　感染症に対しては相反する二つのアプローチがあるだろう。感染パターンに即して検疫、防護を徹底する場合と、通常の風邪など症状が十分弱いと判断される場合はマスク、手洗い程度で特に対策を取らない集団免疫策だ。今回のCOVID-19では今までのところアプローチが両極端に顕れているがカオス化の様相もある。後者の形態を取るのはスウェーデンのみであり、その他は前者でロックダウンであり、日本のように同調圧力が機能する場合は自粛要請という方法である。前者の効果は、伝染性を弱める事はできるが経済に留まらず、移動などの人権を束縛する事になり社会活動への影響は大きい。ワクチン開発も有望な展望があるわけでは無く検疫で抑え込む事は程遠い。まだ世界的混乱は継続しているがそろそろリスク及び効果の検証が行われるフェーズでは無いだろうか。これら二つのアプローチの間の移行は負荷が大きいが、WHO、専門家の声明や指定感染症解除が必要とも考えられる。

1.　我が国の現状

　　感染者数が基準値以下となった等の理由により、新しい生活様式は維持する要請をした上で日本政府による緊急事態宣言は5月25日に解除されたが、北九州市が無症状者へもPCR検査を展開した事をキッカケとして、「夜の街」関連へフォーカスした東京を中心にPCR検査陽性者数が再増加に転じ収拾のメドは立たない。第2波だとも論じられるが、政府による旅行業界等への刺激策Go Toキャンペーンと相反し、国民はドッチ付かずで困惑しているように見え、精神的にも経済的にもハズミが付く状況ではない。初期は医療機関に混乱があっただろうが重症者数は低下の一途を辿って、今のところ重症化は微増に留まっている。ホテルへの無症状者の収容もあるが、関係者の疲労・負担は上昇するばかりである。リスクとして計量する為には重篤度で重み付けした量が必要である。COVIDによる死亡者数/人口を各国で比較(附表参照)すると、中東を除くアジア、アフリカは、ほぼ一様に欧米の主要国に比べ、2桁低いリスクである事が明らかになる(附表参照)。ワクチンの確立、供給予定が未だ見えない中、毎日報道される感染者数だけが強調されコロナ禍に翻弄されているのではないだろうか。

2. 懸念の声

　テレビやネット上では、3.11原発事故の時以来、様々な情報、ノイズが飛び交っている。大部分は、PCR検査を主要国並みに拡充するように、第2波の疑いがあるので緊急事態宣言を再宣言するようにといった具合だ。我が国は、島国で準単一民族と見なせる事もあり、忖度に代表されるように同調圧力が強く働く。従って自粛が効果的に働き、自慢できるかは別にしてマスク着用率が高い国であり、新しい生活様式要請に基づく消毒やアクリル板による遮蔽も社会に浸透しつつあるように見える。また自粛警察や関係者に対する差別も報じられ、全体主義的傾向が懸念される。こういう状況に、意義を唱える署名人や、少数の周辺分野を含む専門家が存在する。生物学者の福岡 伸一氏と帯津 良一医師は、ウイルス撲滅は困難であり共生が必要であると論じる。元 東大総長の小宮山 宏氏はウイルス対策は混迷しており知の構造化が必要だと説く。海外ジャーナリストの田中 宇氏は集団免疫論を貫くスウェーデンが歪曲報道されているのではと論じる。上久保 靖彦氏は独自の理論により既に国内では集団免疫は拡がっているので第2波は空論だと論じる。

3. ロックダウンや自粛による功罪

　移動、営業、外出規制・要請は当然、経済活動への打撃は大きく、航空を中心に交通機関はキャンセルが行われ、巣籠需要を除く多くの産業、芸術、スポーツを含むサービス業への経営的打撃が継続中である。当初は治療法が確立されていないのでPCR検査陽性判明後、医療機関に急激に搬送され医療崩壊へ至った諸国もある。実際の効果がいかほどだったかは今後、検証されることになろうが、リスク（致死数/人口 基準として）の影響はスウェーデンとは有意差が無いようにも見える。ロックダウンのような措置は単に、若干の感染率を下げ、感染時期を遅らせているだけと見る事も可能だ。ほぼ、労多くして益無しという訳だ。感染者を受け入れる医療機関がある一方、外出が困難になる事から一般疾患の外来患者が大幅に減り医療経営にも大きな影を落とした。これは不要不急の通院・投薬があった事を意味し、健康のあり方もこれを機に見直すべきであろう。学校関係もオンライン授業へシフトできたところを除き、教育への影響も大きい。また家族が見直されるキッカケにはなったであろうが外出控えにより運動不足、精神的ストレスへの転化、DV等への発展も懸念される。マスク、防護服、消毒用アルコール、隔壁用アクリル板等による経費、手間に加えソーシャルディスタンスによる詰込み式の集客による効率的な収益体制が不可能になった為、

低利益経営傾向が当面、続く事になる。また社会現象として、自粛警察など全体主義的な動きも無視できないし感染者や医療関係者への差別も発生している。メリットとしては、テレワーク、通勤ラッシュの緩和、大気汚染、CO2 排出の改善、ネット接続に立ち遅れていた医療界にあっての一部ではあるが、オンライン診療の普及開始等がある。Flight shame も環境意識に依るものでは無いが実現できたのは良かった。

4. 生態系の中のウイルス

表面のスパイクがターゲットとする細胞表面の受容体へ結合し、内部へゲノムを投入して自己再生を行う自動機械と言えるだろう。種間の子孫再生産をゲノムの垂直伝搬と呼ぶ事にすると、ウイルスは同種または異なる種間を宿主としての水平伝搬を行う。悪玉と思われがちだが我々のゲノムにもトランスポゾン等としてウイルスの断片が織り込まれており進化過程で重要な役割を果たしている事が判っている。ウイルスは、時に宿主に対し、大量破滅も惹き起す威力を持つが、ポピュレーション制御機構として生態系バランスを保持している意味論も成立しよう。また脊椎動物では獲得免疫に於ける抗原として重要な役割を演じている事実も認めるべきで腸内フローラの多様性を担っている。

5. そもそも検疫、感染防御とは

確かに感染力は弱くとも免疫細胞に侵入し、その機能を無力化する HIV、遍く細胞に蔓延る Ebola のような恐ろしいものもいる。都市開発により、或いは温暖化により植生変化等で移動を余儀なくされる生物群により新たな宿主に乗り換えるウイルス群も居よう。妊娠時にもウイルスにより新しい他者が拒絶されないよう機能している事が解っている。放射性物質であれば物理的に区別可能だが、RNA であってもゲノムを読み解いて、善玉悪玉を区別する事は、遺伝子の同定、類似度は分かっても不可能だ。検疫、マスク、消毒。これは自然環境、生態系から我々を切り離す行為。人間中心主義の主観に依って検疫対象か勝手に決めつけているだけと言えそうだ。リスクアセスメントに基づいていれば良いが、即ちどうしても許容できないリスクが存在するときのみ検査や隔離を行えば良いが、PCR 検査で無症状者を拾ってしまうなど、表現型を無視した遺伝子型のみに基づくものである。しかも潜伏期間、グレーゾーンがあったり感度、特異度も 100%でもない限り一定の誤差も存在する。感染症学とは感染防御至上主義という主観に基づいて、警察行為、差別を行う残念な学問と分類する事も可能

ではないだろうか。(生物)多様性から相反し優性思想、極右思想とも相同するものだ。

6. スウェーデンの現状

　ほぼマスクする事も無く日常生活を維持している。但し、COVID 以前からではあるが高齢者医療への考えが日本とは違い、80 歳以上の高齢者には人工心肺は負担が大きく虐待に当たるという考えがある。他の諸国でも同様ではあるが医療方針は国ごとに異なり誤差因子として留意すべきである。抗体陽性率は約 7%と報告され、政府として集団免疫を目指しているとの公式見解は無いが、ヨーロッパ諸国は再燃の気配がある中、着実に感染者は減少傾向にあるようだ。秋に向け、第 2 波は抑制的となるかがポイントである。日本にとっては羨ましいことは国民自身の責任感があり、国民-政府間に信頼関係がほぼ定着している。

7. 今後どうすべきか

　免疫学はまだ完成された学問では無いし、COVID-19 に付いては諸説、流布している状況だ。獲得抗体が数カ月しか持続しないという報告、獲得免疫では無く、自然免疫が有効という説、リスクが少ない日本は既に集団免疫が獲得されているのではという説など、専門家も自説を発表するのに躍起になっているようだ。ニューヨークでは多数の犠牲者を出したが、このところ PCR 陽性率が低下している。PCR 検査を無料化して強化したからとの報道もあるが、4 月には抗体陽性率は 20%を超えていた。既に集団免疫の域に入ったのが真の原因である可能性が高い。中東除くアジア、アフリカで致死率が低い原因は未解明だが、ゲノム以外に感染履歴、腸内フローラ等も視野に入ろう。PCR 検査を拡充する事が世界標準とされ、それを望む声が大きいが「過剰診断」とならないだろうか。入院させて無症状者は病室では筋トレやっている状況であり、これでは医療崩壊するだろう。市中感染の封じ込めは困難であり、隔離するためのリソースも不足し、無症状者を束縛する事も人権の観点からも問題であろう。6 月の抗体検査陽性率は国内で 0.1%程度である。高温多湿な時期は、免疫力が高まり日和見感染しにくい。集団免疫策にシフトするなら今の時期である。秋以降に本当の第 2 波が到来する懸念がある。期間限定の安全宣言を出し、マスクを外して集団免疫を促進すべき好機では無いだろうか。更に経済活動自粛はサステイナブル社会へ自然に移行できる千歳一隅の好機では無いだろうか。EU ではロックダウンからの復帰を機に再生可能エネルギー普及を促進させる Green Recovery をスタートさせる為

の予算案を今月、4 日間に延長された首脳会議で成立させた。日本版 Green Recovery もスタートすべきなのだが、政府にその動きが感じられないのは悲劇だ。豪雨など気候変動の主原因はそこにあるのだが意識も無いのだろうか。生態系へ即したサステイナブル体制へ移行すべき時だ。

山内　良浩　duality.yy@gmail.com

source: <worldometer> https://www.worldometers.info   retrieved on   30-Jun-2020

#fatal	#infect	Country,Other	Total Cases	Total Deaths	Tot Cases/ 1M pop	Deaths/ 1M pop	Tests/1M pop	Population	Continent
1	145	San Marino	698	42	20,571	1,238	167,074	33,931	Europe
2	27	Belgium	61,361	9,732	5,295	840	102,848	11,589,514	Europe
3	139	Andorra	855	52	11,066	673	48,534	77,265	Europe
4	5	UK	311,965	43,575	4,595	642	136,852	67,885,079	Europe
5	6	Spain	296,050	28,346	6,332	606	110,425	46,754,775	Europe
6	9	Italy	240,436	34,744	3,977	575	88,351	60,461,762	Europe
7	23	Sweden	67,667	5,310	6,700	526	44,025	10,099,069	Europe
8	16	France	164,260	29,813	2,516	457	21,213	65,273,353	Europe
9	1	USA	2,681,811	128,783	8,102	389	100,271	330,996,984	N. Amer
10	30	Netherlands	50,223	6,107	2,931	356	35,009	17,134,831	Europe
11	47	Ireland	25,462	1,735	5,157	351	86,082	4,937,476	Europe
12	183	Sint Maarten	77	15	1,796	350	11,662	42,873	N. Amer
13	8	Chile	275,999	5,575	14,438	292	57,359	19,115,496	S. Amer
14	7	Peru	282,365	9,504	8,565	288	50,391	32,968,619	S. Amer
15	158	Isle of Man	336	24	3,951	282	73,772	85,032	Europe
16	2	Brazil	1,370,488	58,385	6,448	275	14,196	212,554,056	S. Amer
17	150	Channel Islands	571	47	3,284	270	58,986	173,856	Europe
18	28	Ecuador	55,665	4,502	3,155	255	8,271	17,640,992	S. Amer
19	19	Canada	103,918	8,566	2,753	227	72,115	37,740,701	N. Amer
19	42	Switzerland	31,652	1,962	3,657	227	65,469	8,654,391	Europe
21	11	Mexico	220,657	27,121	1,712	210	4,395	128,925,604	N. Amer
22	207	Montserrat	11	1	2,204	200	12,220	4,992	N. Amer
23	89	Luxembourg	4,256	110	6,800	176	285,067	625,894	Europe
24	36	Portugal	41,912	1,568	4,110	154	108,081	10,196,667	Europe
25	49	Armenia	25,127	433	8,480	146	37,314	2,963,238	Asia
26	174	Bermuda	146	9	2,344	145	181,614	62,278	N. Amer
27	40	Panama	32,785	620	7,599	144	29,854	4,314,225	N. Amer
28	76	North Macedonia	6,209	298	2,980	143	27,789	2,083,374	Europe
29	58	Moldova	16,357	536	4,055	133	15,699	4,033,952	Europe
30	10	Iran	225,205	10,670	2,681	127	19,516	83,986,007	Asia
31	99	Mayotte	2,560	32	9,386	117	32,266	272,733	Africa
32	14	Germany	195,392	9,041	2,332	108	64,603	83,783,518	Europe
33	63	Denmark	12,751	605	2,201	104	179,561	5,792,166	Europe
34	179	Monaco	103	4	2,625	102	412,834	39,241	Europe
35	43	Bolivia	31,524	1,014	2,701	87	6,072	11,671,924	S. Amer
36	45	Romania	26,582	1,634	1,382	85	36,371	19,237,275	Europe
37	33	Kuwait	45,524	350	10,661	82	89,656	4,270,098	Asia
38	54	Austria	17,723	703	1,968	78	67,328	9,006,252	Europe
38	190	Saint Martin	43	3	1,112	78	17,719	38,660	N. Amer
40	41	Dominican Republic	31,816	733	2,933	68	13,663	10,847,363	N. Amer
41	3	Russia	641,156	9,166	4,393	63	132,487	145,934,449	Europe
41	21	Colombia	95,043	3,223	1,868	63	14,612	50,879,986	S. Amer
43	13	Turkey	198,613	5,115	2,355	61	39,500	84,334,159	Asia
44	91	Hungary	4,145	585	429	61	28,353	9,660,320	Europe
45	73	Finland	7,209	328	1,301	59	42,865	5,540,713	Europe
46	143	Sao Tome and Principe	713	13	3,254	59	8,137	219,120	Africa
47	88	Bosnia and Herzegovina	4,325	184	1,318	56	27,979	3,280,757	Europe
48	87	Djibouti	4,656	53	4,713	54	46,673	987,894	Africa
49	117	Slovenia	1,585	111	762	53	48,396	2,078,938	Europe
50	111	Estonia	1,987	69	1,498	52	79,924	1,326,535	Europe
51	92	French Guiana	3,774	15	12,640	50	26,998	298,578	S. Amer
52	46	Bahrain	26,239	84	15,430	49	320,569	1,700,493	Asia
53	53	Honduras	18,082	479	1,826	48	4,979	9,903,336	N. Amer
54	15	Saudi Arabia	186,436	1,599	5,356	46	45,710	34,809,589	Asia

附表 1/4.　世界統計 https://www.worldometers.info より作成

#fatal	#infect	Country,Other	Total Cases	Total Deaths	Tot Cases/ 1M pop	Deaths/ 1M pop	Tests/1M pop	Population	Continent
54	32	Iraq	47,151	1,839	1,173	46	13,233	40,212,087	Asia
54	69	Norway	8,862	249	1,635	46	61,230	5,421,075	Europe
57	17	South Africa	144,264	2,529	2,433	43	26,929	59,303,935	Africa
58	55	Guatemala	17,409	746	972	42	1,754	17,912,442	N. Amer
59	26	Belarus	61,790	387	6,539	41	104,982	9,449,322	Europe
60	20	Qatar	95,106	113	33,872	40	125,600	2,807,805	Asia
61	39	Poland	34,154	1,444	902	38	39,622	37,846,589	Europe
62	163	Martinique	242	14	645	37		375,265	N. Amer
63	50	Israel	24,441	319	2,657	35	104,651	9,197,590	Asia
63	170	Guadeloupe	182	14	455	35	20,591	400,124	N. Amer
65	37	Oman	39,060	169	7,651	33	36,884	5,104,919	Asia
65	211	British Virgin Islands	8	1	265	33	7,013	30,230	N. Amer
67	31	UAE	48,246	314	4,878	32	317,098	9,889,675	Asia
67	66	Czechia	11,805	348	1,102	32	50,983	10,708,963	Europe
67	86	Bulgaria	4,831	223	695	32	19,880	6,948,254	Europe
70	59	Serbia	14,288	274	1,635	31	45,078	8,737,302	Europe
70	186	Antigua and Barbuda	69	3	705	31	6,944	97,926	N. Amer
72	112	Iceland	1,840	10	5,392	29	218,101	341,236	Europe
72	113	Lithuania	1,816	78	667	29	153,697	2,722,035	Europe
74	24	Egypt	66,754	2,872	652	28	1,319	102,315,827	Africa
74	25	Argentina	62,268	1,280	1,378	28	7,621	45,193,867	S. Amer
74	90	Mauritania	4,237	128	912	28	2,978	4,647,995	Africa
74	178	Bahamas	104	11	264	28	6,073	393,226	N. Amer
74	180	Aruba	103	3	965	28	22,592	106,765	N. Amer
79	35	Ukraine	43,628	1,147	998	26	14,843	43,732,994	Europe
79	98	Croatia	2,725	107	664	26	19,045	4,105,191	Europe
79	182	Liechtenstein	82	1	2,151	26	23,605	38,128	Europe
79	191	Turks and Caicos	41	1	1,059	26	16,713	38,713	N. Amer
83	78	El Salvador	6,173	164	952	25	24,701	6,486,123	N. Amer
84	181	Barbados	97	7	338	24	27,038	287,375	N. Amer
85	109	Equatorial Guinea	2,001	32	1,427	23	11,411	1,402,191	Africa
86	124	Cabo Verde	1,165	12	2,095	22	3,124	555,954	Africa
86	153	Suriname	501	13	854	22	2,121	586,608	S. Amer
88	60	Algeria	13,571	905	310	21		43,843,759	Africa
89	57	Azerbaijan	16,968	206	1,674	20	46,902	10,138,764	Asia
89	100	Albania	2,466	58	857	20	8,091	2,877,795	Europe
89	147	Malta	670	9	1,517	20	214,168	441,541	Europe
92	12	Pakistan	206,512	4,167	935	19	5,715	220,849,796	Asia
92	44	Afghanistan	31,238	733	803	19	1,838	38,918,200	Asia
92	83	Gabon	5,394	42	2,424	19	16,762	2,225,096	Africa
95	94	Greece	3,390	191	325	18	29,588	10,422,933	Europe
95	154	Montenegro	501	11	798	18	20,995	628,066	Europe
97	128	Latvia	1,117	30	592	16	78,881	1,886,087	Europe
97	132	Cyprus	996	19	825	16	128,738	1,207,327	Asia
99	102	Maldives	2,337	8	4,324	15	91,289	540,459	Asia
99	164	Guyana	235	12	299	15	3,245	786,543	S. Amer
99	166	Cayman Islands	199	1	3,028	15	354,246	65,717	N. Amer
102	67	Sudan	9,257	572	211	13	9	43,836,957	Africa
103	4	India	567,536	16,904	411	12	6,086	1,379,937,465	Asia
103	64	Cameroon	12,592	313	475	12		26,530,372	Africa
103	116	Guinea-Bissau	1,654	24	841	12	762	1,967,435	Africa
106	18	Bangladesh	141,801	1,783	861	11	4,561	164,681,180	Asia
106	38	Philippines	36,438	1,255	333	11	6,466	109,571,275	Asia
106	106	Nicaragua	2,170	74	328	11		6,624,082	N. Amer

附表 2/4.　世界統計 https://www.worldometers.info より作成

#fatal	#infect	Country,Other	Total Cases	Total Deaths	Tot Cases/ 1M pop	Deaths/ 1M pop	Tests/1M pop	Population	Continent
109	29	Indonesia	55,092	2,805	201	10	2,861	273,508,250	Asia
109	51	Kazakhstan	21,327	188	1,136	10	78,164	18,775,354	Asia
109	93	CAR	3,613	47	748	10	4,806	4,829,024	Africa
109	126	Yemen	1,128	304	38	10	4	29,818,537	Asia
113	80	Haiti	5,847	104	513	9	994	11,401,674	N. Amer
113	141	Eswatini	795	11	685	9	10,234	1,160,102	Africa
115	52	Japan	18,476	972	146	8	3,594	126,475,881	Asia
115	85	Kyrgyzstan	5,017	50	769	8	32,516	6,523,293	Asia
115	101	Cuba	2,340	86	207	8	14,685	11,326,614	N. Amer
115	120	Sierra Leone	1,450	60	182	8		7,975,295	Africa
115	134	Uruguay	932	27	268	8	18,892	3,473,709	S. Amer
115	157	Mauritius	341	10	268	8	135,081	1,271,766	Africa
115	161	Comoros	272	7	313	8		869,399	Africa
122	129	Congo	1,087	37	197	7		5,516,362	Africa
122	142	Liberia	770	36	152	7		5,056,243	Africa
122	175	Brunei	141	3	322	7	66,546	437,459	Asia
125	62	S. Korea	12,800	282	250	6	24,845	51,269,166	Asia
125	65	Morocco	12,290	225	333	6	17,959	36,907,949	Africa
125	75	Senegal	6,698	108	400	6	4,686	16,737,908	Africa
125	97	Somalia	2,904	90	183	6		15,886,799	Africa
125	105	Mali	2,173	115	107	6	633	20,242,094	Africa
125	177	Trinidad and Tobago	126	8	90	6	3,551	1,399,481	N. Amer
132	79	Tajikistan	5,900	52	619	5		9,535,173	Asia
132	114	Lebanon	1,745	34	256	5	18,998	6,825,378	Asia
132	115	Slovakia	1,665	28	305	5	38,275	5,459,641	Europe
132	138	Chad	866	74	53	5		16,418,830	Africa
132	194	Belize	24	2	60	5	5,504	397,561	N. Amer
137	34	Singapore	43,661	26	7,463	4	116,981	5,850,161	Asia
137	56	Ghana	17,351	112	559	4	9,492	31,066,005	Africa
137	70	Malaysia	8,637	121	267	4	23,365	32,363,319	Asia
137	72	Australia	7,767	104	305	4	94,690	25,498,156	Oceania
137	119	New Zealand	1,528	22	305	4	79,461	5,002,100	Oceania
137	123	Tunisia	1,172	50	99	4	5,850	11,817,969	Africa
137	135	Georgia	926	15	232	4	25,507	3,989,160	Asia
144	22	China	83,531	4,634	58	3	62,814	1,439,323,776	Asia
144	48	Nigeria	25,133	573	122	3	642	206,074,234	Africa
144	68	Ivory Coast	9,214	66	349	3	2,045	26,369,926	Africa
144	77	Kenya	6,190	144	115	3	3,114	53,757,902	Africa
144	95	Costa Rica	3,269	15	642	3	7,558	5,093,905	N. Amer
144	110	South Sudan	1,989	36	178	3	914	11,192,950	Africa
144	130	Niger	1,075	67	44	3	269	24,189,901	Africa
144	133	Burkina Faso	959	53	46	3		20,895,120	Africa
144	140	Libya	802	23	117	3	3,834	6,870,650	Africa
144	146	Jamaica	698	10	236	3	8,164	2,961,139	N. Amer
154	74	DRC	6,939	167	78	2		89,518,210	Africa
154	82	Venezuela	5,530	48	194	2	43,613	28,435,828	S. Amer
154	84	Guinea	5,351	31	408	2	1,097	13,127,786	Africa
154	103	Paraguay	2,191	16	307	2	9,538	7,131,996	S. Amer
154	122	Benin	1,187	19	98	2	4,645	12,118,896	Africa
154	148	Togo	643	14	78	2	3,668	8,276,383	Africa
154	151	Réunion	522	2	583	2	19,212	895,289	Africa
154	209	Western Sahara	10	1	17	2		597,153	Africa
162	61	Nepal	13,248	29	455	1	17,901	29,132,006	Asia

附表 3/4. 世界統計 https://www.worldometers.info より作成

#fatal	#infect	Country,Other	Total Cases	Total Deaths	Tot Cases/ 1M pop	Deaths/ 1M pop	Tests/1M pop	Population	Continent
162	104	Palestine	2,185	5	428	1	16,592	5,099,995	Asia
162	118	Zambia	1,568	22	85	1	2,975	18,376,467	Africa
162	81	Ethiopia	5,846	103	51	1	2,181	114,927,185	Africa
162	121	Hong Kong	1,204	7	161	1	42,885	7,496,734	Asia
162	127	Jordan	1,128	9	111	1	37,225	10,202,629	Asia
162	96	Thailand	3,169	58	45	1	6,707	69,799,761	Asia
162	188	Gambia	47	2	19	1	876	2,415,677	Africa
162	71	Uzbekistan	8,222	23	246	1	33,504	33,465,645	Asia
162	107	Madagascar	2,138	20	77	1	775	27,681,556	Africa
162	125	Malawi	1,152	13	60	1	699	19,123,346	Africa
162	108	Sri Lanka	2,039	11	95	1	4,727	21,413,062	Asia
162	149	Zimbabwe	574	7	39	1	4,515	14,861,330	Africa
162	162	Syria	269	9	15	1		17,495,333	Asia
176	152	Tanzania	509	21	9	0		59,709,026	Africa
176	172	Botswana	175	1	74	0	15,681	2,351,137	Africa
176	155	Taiwan	447	7	19	0	3,200	23,816,736	Asia
176	160	Angola	276	11	8	0	304	32,849,655	Africa
176	131	Rwanda	1,001	2	77	0	10,832	12,948,110	Africa
176	136	Mozambique	883	6	28	0	939	31,242,694	Africa
176	159	Myanmar	299	6	5	0	1,378	54,408,580	Asia
176	173	Burundi	170	1	14	0	41	11,885,287	Africa
176	137	Uganda	870		19		3,736	45,717,147	Africa
176	144	Diamond Princess	712	13					
176	156	Vietnam	355		4		2,825	97,334,632	Asia
176	165	Mongolia	220		67		6,765	3,277,858	Asia
176	167	Namibia	196		77		3,508	2,540,480	Africa
176	168	Eritrea	191		54			3,546,078	Africa
176	169	Faeroe Islands	187		3,827		269,672	48,863	Europe
176	171	Gibraltar	177		5,254		378,232	33,691	Europe
176	176	Cambodia	141		8		2,160	16,717,346	Asia
176	184	Seychelles	77		783			98,345	Africa
176	185	Bhutan	76		99		31,765	771,561	Asia
176	187	French Polynesia	62		221		16,550	280,903	Oceania
176	189	Macao	46		71			649,274	Asia
176	192	St. Vincent Grenadines	29		261		7,608	110,939	N. Amer
176	193	Lesotho	27		13		1,400	2,142,182	Africa
176	195	Timor-Leste	24		18		1,189	1,318,201	Asia
176	197	Grenada	23		204		48,568	112,522	N. Amer
176	198	New Caledonia	21		74		29,445	285,485	Oceania
176	199	Laos	19		3		2,049	7,274,785	Asia
176	200	Saint Lucia	19		103		9,078	183,625	N. Amer
176	201	Dominica	18		250		8,654	71,986	N. Amer
176	202	Fiji	18		20		4,462	896,422	Oceania
176	203	Saint Kitts and Nevis	15		282		8,534	53,198	N. Amer
176	204	Falkland Islands	13		3,738		295,285	3,478	S. Amer
176	205	Greenland	13		229		61,688	56,770	N. Amer
176	206	Vatican City	12		14,981			801	Europe
176	208	Papua New Guinea	11		1		630	8,945,385	Oceania
176	210	MS Zaandam	9	2					
176	212	Caribbean Netherlands	7		267		16,170	26,222	N. Amer
176	213	St. Barth	6		607		15,389	9,877	N. Amer
176	214	Anguilla	3		200		11,998	15,002	N. Amer
176	215	Saint Pierre Miquelon	1		173			5,794	N. Amer

附表 4/4.　世界統計 https://www.worldometers.info より作成

コメント　新型感染症からの警告

九州大学名誉教授　福留久大

理解困難な対照的現象

　2020年4月2日、九州大学教養部勤務時代の四名の同僚が筑後川河畔の久留米市百年記念公園で桜の花を愛でつつ、ささやかな酒宴を愉しんだ。そのうちの一人、物理学の中山正敏は、花見の最中も盛んにコロナウイルスを論じた。中山発言のなかに、安倍政権に引きずられて世間は騒ぎすぎ、という言葉があって、筆者は同感の思いを抱いた。というのは、次の驚くべき数字に遭遇していたからである。＜一九五七年の「アジアかぜ」。東南アジア各地、日本、オーストラリア、後に北米、ヨーロッパなど世界各地に広まった。世界で一〇〇万人以上が死亡したと推定され、日本では約三〇〇万人が感染して約五七〇〇人が死亡した。そして一九六八〜六九年の「香港かぜ」。香港では六週間で人口の一五％にあたる約五〇万人が感染した。死者は全世界で一〇〇万人を超えるとみられる。米国では三万三八〇〇人、日本でも一四万人が感染して約二〇〇〇人の命を奪った。＞（石弘之『感染症の世界史』角川文庫、210頁）。

　驚いたのは、目下（2020年7月3日）のコロナ禍に比較して日本で150倍の感染者、6倍の死者が出た「アジアかぜ」が社会問題となった記憶が全く無いことである。感染者7倍、死者2倍の「香港かぜ」についても同様である。「アジアかぜ」も「香港かぜ」も世界規模で見て100万人以上の死者を記録している。それに対してコロナ禍による死者は、目下のところ52万人余りである。不思議でならないのは、死者数で遥かに小さい段階からコロナ禍がこれだけ大きい社会問題となったことである。逆に言えば、アジアかぜや香港かぜが大きな騒ぎにならなかったことでもある。高校や大学の同級生に尋ねても、殆どの人が同様に印象も記憶も残っていないと言う。(1957年、鹿児島県立川内高校の同級生で一人だけ、時吉寛が、ラジオで「アジアかぜ」のニュースを聞いたと言う)。（院生時代の友人・原澤謹吾に依ると、1957年に進学した都立戸山高校で、流感による欠席者が6月6日に99名になり、増加を重ねて12日に182名になったので、13日から18日まで休校措置が採られた、とのことである）。

　この謎を解く鍵として、様々の要因が挙げられている。情報通信技術の飛躍的発展によってコロナ禍の様相が瞬時に世界大に伝達されること。或いは、高齢化の進展によって新型コロナに恐怖を抱く人々が増加していること、等々。そのなかで、筆者は、権力者による権力発揮の社会実験が挙げられると考えている。特に日本の安倍首相の振る舞いにそういう色彩を濃厚に感じている。

　日本の死因別死亡数を見ると、総計136万2千人のうち、一位・悪性新生物（腫瘍）37万4千人、二位・心疾患（除く高血圧）20万8千人、三位・老衰10万9千人、四位・脳血管疾患10万8千人、五位・肺炎9万5千人である（厚生労働省による2018年概数）。9万人以上が肺炎で死亡している。通例のインフルエンザにしても直接的間接的にインフルエンザによって生じた死亡を推計する「超過死亡概念」に基づく年間死亡数は、世界で約25〜50万人、日本で約1万

人である（厚生労働省・新型インフルエンザ対策関連情報）。

　日本で私たちは例年この大きさの死者との別れを経験している。その数値を念頭に置いていた筆者は、クルーズ船乗客を別にすると日本の感染者160人、死者1人（2月25日時点）という状況で、2月27日に首相が「政治的判断に依って」唐突に、文科省との通例の打合せもなしに、本当に突然に、全国の小中学校、高校、特別支援学校に3月2日から春休みまでの臨時休校を要請したことに強い違和感を覚えていた。

　一番の違和感は、首相に依る休校要請には法的根拠が無いことである。法外の権力発動だからである。従来、学校でインフルエンザの集団感染が発生すると当該の自治体の教育委員会が休校措置を採ることはあった。だが、一人の感染者も出ていないなかで、権限外の首相が全国一斉の休校を要請するのは、極めて異例である。しかも時期が極端に悪い。2月27日は木曜日、29日は土曜日、3月1日は日曜日、3月2日月曜日から休校だとすると、学校で児童生徒と教職員が会えるのは2月28日金曜日の一日だけしか有り得ない。

　学年の最後の締めくくりをして卒業式・修了式を迎えようとする大事な時期に、僅かに一日だけしか関係者が会うことが出来なくなって仕舞う。授業時間の不足はどう補充されるのか、卒業式・修了式はどうするのか、解けない問題が沢山残っている。加えて、病気の予防の視点から見ると、児童生徒にとって、保健室の整った学校から締め出されることが逆効果だと考えられる。休校後の困難も尋常ではない。小さい子供が自宅に留まることになると、食事や学習の世話などをどうするか、仕事に出かける親の心配は尽きることが無い。学校現場は相当に多くの非常勤講師によって支えられているのだけれど、休校によってこの人々への給与支払いが無くなれば、生活困難は目に見えている。休校で給食が止まると、食材を供給してきた納入業者は大きな損失を被ることになるが、その損失は誰が負担するのか、それとも業者の泣き寝入りに終わらせるのか。休校措置によって大小様々な問題が生じてきて、学校現場は大混乱の渦に巻き込まれることになった。首相は、それらの問題への手当ても考慮無しで、全く唐突に、「要請」を発したのだった。この「要請」は実質上の「命令」として機能し、99％が休校措置に従った。

　首相は休校措置の目的を感染症の拡大阻止のためと叫んだ。しかし、これは甚だしい見当違いであった。政府のコロナ対策に助言を行う専門家会議は、4月1日の提言で、子供たちについて「現時点での知見では、地域において感染拡大の役割をほとんど果たしてはいないと考えられる」、「現状のクラスター（感染者集団）発生の原因は大人」と指摘している（朝日新聞、4月18日夕刊）。この見地では休校措置は有害無益だった。本当に感染の広がりの阻止が狙いで、そのために「三密」（密閉、密集、密接）を避けて「社会的隔離（social distancing）」を達成したいのであれば、大人の集団的行動に規制を加えなければならない。だが時差通勤や自宅勤務の徹底は後回しにされた。まずは弱い児童生徒へのしわ寄せが選好された。「要請」という責任の所在の曖昧な形で、法外の権力発動が如何なる効果を発揮し得るか、それを確かめる企ての側面を看破しなければな

らない、筆者はそのように観察している。

　遡ること 330 年、1690 年の『統治二論』でジョン・ロック（John Locke）が述べた一節が、首相の行動を的確に評している。「暴政とは権利を超えて権力を行使することであって、何人もそのようなことへの権利を持つことはできない。そしてこの暴政とは、人が、その手中に握る権力を、その権力の下にある人々の善のためではなく、自分自身の単独の利益のために利用することである。つまり、それは、統治者が、いかなる名称を与えられているにせよ、法ではなく自分の意志を規則にし、彼の命令と行動とが、人民の固有権の保全にではなく、自分自身の野心、復讐の念、貪欲さ、その他の気まぐれな情念の満足に向けられているときに他ならない」（加藤節訳、岩波文庫、536 頁）。

　首相の「自分自身の単独の利益」として何が存在するか。2 月 17 日の衆議院予算委員会で、辻元清美議員が、ＡＮＡインターコンチネンタルホテル東京から、①見積書や明細書を主催者に発行しなかった事例は「ない」②「宛名を空欄のまま領収書を発行することは無い」③「ホテル主催の宴席を除いて、代金は主催者からまとめてお支払い頂く」と記された文書を明らかにした。三点ともに安倍首相の国会答弁の虚偽性を濃厚に語るものだった。その 10 日後、安倍首相が唐突に大仰な全国一斉休校を叫んだのである。「コロナ」騒乱は、国会における「桜を見る会」や「森友・加計」の疑惑追及から逃れる効果を確かに発揮した。

理解容易な対照的現象

　対照的現象のなかで、筆者の既存の情報で容易に理解できるのは＜図表 1 ＞に示される、新型感染症の感染者数、死者数における日米格差である。人口では、米国 326 百万人、日本 127 百万人、格差 2・57 倍（2017 年）、それに対して感染者 558・4 倍、死者 528・4 倍と、感染症格差は数百倍に拡がっている。驚異的と言わねばならないほどに極めて大きい格差である。この格差の第一の原因は、医療態勢の整備の良し悪し、つまり日本の病院・クリニックの整備と保険制度の完備、米国の不備と欠如である。

　数字は少し古いが、＜図表 2 ＞＜図表 3 ＞が事情を雄弁に語っている。＜図表 2 ＞「盲腸手術入院の都市別総費用ランキング」を見て欲しい。公的皆保険制度の無い米国では、多くの住民が無保険であり、保険に加入するとしても民間保険会社への依存度が格段に高い。「全米 294 都市のうち、その地域の保険市場をたった一社が独占している都市は 166 あり、その地域で競争相手がいない保険会社は幾らでも値上げできる状態になっている」（堤未果『ルポ・貧困大国アメリカ』岩波新書、2008 年刊、68 頁）。そのために、日本では盲腸の手術費、入院費が最高水準でも「四，五日入院しても合計で 30 万円を超えることはまず無い」（66 頁）のに対して、米国では一日で 169 万円から 243 万円の高額に及ぶ。保険の有無にかかわらず人々は重症化するまで病院に行かないことが多い。病院に行った時にはもはや手遅れという事態が起き得る。この事態の改善に努めたのがオバマ前大統領の「オバマ・ケア（Obamacare）」だったが、トランプ現大統領の反オバマ姿勢によって事態の進展は認められず、むしろ悪化の一途をたど

っている。

　＜図表３＞「主要国の医療保障」でも日米の対照的現象が浮き彫りになる。日本医療は、国内総生産（ＧＤＰ）比で最低の医療費ながら皆保険制度による高度の公費比率を特徴とする。最少の医師数で、飛びぬけて長い入院日数と救急病床数を維持して、最少の乳児死亡率と最高の平均寿命を実現している。対照的に、米国医療の特徴は、国内総生産（ＧＤＰ）比で最高の費用を投じながら、公費比率が最低だという所に在る。医療業界でも市場原理が強く作用して、高度医療技術・医薬品の開発や適用に集中的に人材物財が投入される。反面、一般住民向けの医療態勢の整備は大きく立ち遅れていて、乳児死亡率は最も高く、平均寿命は最も低い。費用対効果の割合において、日本医療は最も高度で、米国は最低水準に呻吟している。現在の新型コロナ対応でも、乏しい物的環境下での日本の医療従事者の健闘ぶりは誰の眼にも明らかである。

新型感染症からの贈物
（一）　人々の生命を守るもの

　不安と疑心暗鬼をもたらす新型感染症にも、幾つか感謝しなければならない思いも起きてくる。従来種々の事情で隠されてきた事実、注目されなかった事柄が、コロナ禍によって表面化し人々の注目を浴び、改めて再考を促すことに成っているからである。その一例。命懸けで人々の命を守っているのが医療従事者だということが日々明らかになっている。従来、小泉元首相も、安倍現首相も、「命懸けで人々の命を守っているのは？」というと、即刻短絡的条件反射的に「外敵から」とだけ限定して考えて「それは自衛隊だ」と強調してきた。そのことを明確にするために、日本国憲法第九条に自衛隊を明記すると断言してそれなりの策謀さえ試みてきた。だが人々の命を脅かすのは「外敵」よりはむしろ「感染症」であり「風水害」であることを今春からの新型コロナウイルスと、今夏繰り返された大型水害が白日の下にさらしている。元首相や現首相の自衛隊発言が真実でないことが疑いの余地なく明らかになってきた。

　安倍首相が「感染症」を無視して「外敵」対策に執心してきたことは、次の事例で浮き彫りになる。2009 年の新型インフルエンザ流行に対して、時の民主党政権が専門家を招集して問題点を洗い出し、2012 年 5 月に「新型インフルエンザ等対策特別法」（特措法）を成立させた。「『インフルエンザ等』とあえて『等』を付したのは、従来より致死率の高い未知のウイルスの発生を想定対象にしておくべきだという考えによる」。「その後自民党が政権を取り戻すと、13 年 6 月安倍政権は特措法に基づく『行動計画』と『ガイドライン』を決めた」。そこでは、パンデミック下の特別隔離病床など必要な病床数の増強、医療者の防護服・医療用マスクの確保、ＰＣＲ検査体制の拡充、一般国民が広くマスクを着用できる供給体制の整備等々が「政策課題」として掲げられた。「それから 7 年、この『政策課題』に対して安倍政権は何をしたのか。その答えは、今回の大混乱が示している」（柳田邦夫「安倍首相の『言語能力』が国を壊した」『文藝春秋』2020 年 8 月号 106 － 107 頁）。

「では、安倍政権は何に時間を費やしていたのか。精力を注いだのは、第一に、憲法学者の 90％以上が違憲の疑いがあると表明した安全保障関連法（自衛隊の海外活動を拡大するのが主眼）の成立であり、第二、第三は、モリカケ疑惑や桜を見る会疑惑からの保身と政権防衛だった。何という空白の 7 年間」（柳田、同誌、107 頁）。

　住民の生命を脅かすものを「外敵」に的を絞ってきた政権に対して、住民の側からは「感染症」や「風水害」など基本的に「天災」に属するものの重視へと舵を切り替える必要を感じさせたのも、新型感染症からの贈物と言えるだろう。全国の警察官 25 万人、消防士 16 万人、自衛官 2 5 万人、住民の生命と生活の保護を任務とする人々が 66 万人存在している。「感染症」や「風水害」などの「天災」は、どの個人の責任にも帰することのできないものである。したがって「天災」の防護、或いは災害からの復旧については社会全体の責任において対応することが公認されねばならない。上記 66 万人の専門家の連携を通じて、そのような各種リスクに対応することを主目的とする実務特別工作隊（仮称）の組織化が構想される必要を筆者は痛感している。

（二）リスクへの社会的対応
　目下の「感染症」や「大水害」が典型例だが、人生はリスクに満ちている。台風や地震の災害も避けられない。航空・電車・自動車・自転車の交通事故も後を絶たない。勤務先の不調による失業のリスクも有る。高齢に達して働けなくなるリスクは不可避である。これらのリスクの処理方法を巡って、第二次大戦後の世界は、政治経済思潮の転換を経験している。1973〜74 年のオイル・ショックが分岐点だった。第二次大戦の根因が各国の貧困問題に在ったという認識と「労働者国家」と見なされた社会主義圏への対抗とから、また順調な経済成長にも支えられて、福祉国家の建設が戦後世界の通奏低音と成っていた。世界は、オイル・ショック後に、経済停滞（スタグネイション）と物価上昇（インフレイション）との同時存在を意味するスタグフレイションに悩まされることに成る。その脱却策として浮上したのが、自由競争とプライヴァタライゼーション（私有化・民営化）を主張する新自由主義思潮だった。英国のサッチャー政権、米国のレーガン政権、日本の中曽根政権がその思潮の具体化を推進した。福祉国家の退潮と「小さな政府」の実現が経済政策の基調に転じた。1991 年のソ連邦崩壊もこの動向に拍車をかけることになった。

　日本の現役の保守政治家は、この新自由主義思潮のなかで政界入りしていて、揃って「小さな政府」「個人責任によるリスク処理」を政治信条としている。例えば、安倍晋三首相について見てみる。1982 年、安倍晋太郎外務大臣秘書官として政界入り、1993 年、亡父の地盤カバンを引き継いで衆議院議員初当選。1996 年に出版された『「保守革命」宣言──アンチ・リベラルへの選択』（現代書林刊）で、副題通りリベラル勢力への攻撃に集中、僅かに次のように行財政政策に触れる。＜「徹底した行革が必要だと思いますね」と述べ、徹底した民営化を進めていくべきだとの立場を示します。特に公務員削減を徹底すべきと強調し、十

年間で半減を実現すべきと説きます＞（中島岳志『自民党——価値とリスクのマトリスク』スタンド・ブックス、2019 年刊、32 頁）。実際に公務員削減を強力に推進してきた。この発言と行動の裡に彼の先入見・偏見に凝り固まった調査不足・勉強不足が露呈している。＜図表 4 ＞「公務員数の国際比較」に明らかなように、日本は主要国のなかで世界一に公務員の少ない国である。労働力人口に占める公務員数（2005 年）を見ると、ノルウェーやスウェーデンで 30％近く、イギリスが 20％近く、アメリカが約 15％、ドイツが約 10％、日本は 6％と最低水準である（前田健太郎『市民を雇わない国家』東京大学出版会、2014 年刊、35 頁）。

　「行政改革」と称する公務員削減策の端的な例として保健所の削減について見る。1994 年（平成 6 年）に 847 カ所あった保健所は、徐々に数を減らされて、2017 年（平成 29 年）には 481 カ所へ、366 ヵ所も減少した。コロナウイルス対処の第一歩としての P C R 検査が遅々として進まなかった要因として、保健所とその職員の不足が指摘されていることは周知の通りである。保健所の閉鎖は、直接には財政負担の削減を目的としているが、公務員削減の終極的目的は安定雇用先としての公務を減じて、労働市場における労働者間の競争激化、それを梃子とした賃銀水準の抑制・引き下げの実現にある。積年の経済効率優先・経済成長第一の政策遂行が、新型コロナウイルスの猛威によって、人命尊重に逆行する反人間性を鮮烈に暴かれたのである。ここでも、政府の第一の使命が、景気対策などにあるのではなくて、人々の生命と生活の擁護・リスクの社会的対応にあることを反省させられるのである。

　公務員を削りに削った結果が、新型感染症に対する P C R 検査の停滞であり、10 万円の特別定額給付金の配布遅延であり、持続化給付金の配布における電通依存・癒着であることを、コロナ禍が明白にした。せめてアメリカ並みに公務員が充実していれば、中小企業に対する持続化給付金は、地方自治体が当地の商工会議所の協力を得て円滑に給付できたはずである。或いは、超多忙の現状でも、退職者に呼び掛けて態勢を強化すれば、地方自治体で給付できる、と経験者は語っている（四方八洲男・前綾部市長「公的業務は公務員で」「安直な民間委託に違和感」朝日新聞、2020 年 6 月 23 日）。

（三）財政基盤の強化の必要
　リスクの社会的対応のためには、政府財政の強固な基盤が必要である。しかしながら、新自由主義的思潮に席巻された歴代の日本政府は、その点において正当な配慮を欠いていて、きちんとした増税政策を実施できないままに、約 1,100 兆円の莫大な政府債務を負うに至っている。さらに、目下のコロナ禍対策にも巨額の財政資金が支出されつつある。この積み重なる政府債務の返済に向けて、現政権の租税政策は消費税増税一本鎗に突き進む懸念が極めて大きい。財政基盤の強化のために必要な論点を一瞥しておきたい。
　＜図表 5 ＞「法人税・所得税と消費税」に示す通り、高齢化社会への対応としての福祉政策の財源確保の手段として 1989 年 4 月に消費税が導入された。それ

とほぼ同時に、法人税・所得税の減税が実施されるに至っている。当初3%で始まった消費税率は、1997年4月に5%に、2014年4月に8%に、2019年10月に10%に、着実に上昇している。それに伴って消費税額も当初の3・3兆円から、1997年には9・3兆円、2014年には16・0兆円と大幅の増大を示している。消費税の動向と正に対極的に法人税率の低下と所得税の累進税率の低下とが続いて、法人税と所得税は今日に至るまでほぼ一貫して減少傾向を辿っている。法人税と所得税の減少が消費税の増加分を相殺することになって、国税総額は消費税制導入間もない1990年及び91年の約63兆円を頂点として以後それ以下の水準に低迷している。消費税導入時の福祉財源の確保という公約は雲散霧消している。児童から高齢者まで消費者全般の犠牲の上に法人企業・富裕所得層の優遇措置が講じられてきたのである。

　＜図表6＞「税務職員と警察職員の推移」＜図表7＞「文教科学振興費と防衛関係費」において、日本政府の財政運営の特徴を、財政歳入面と財政歳出面とにおいて見ることが出来る。＜図表6＞を見ると、日本政府が租税徴収に真面目に取り組んでいるとは到底思えない状況が鮮明に浮かび上がってくる。1965年と2015年を比較して、警察職員は10万人以上増加しているが、税務職員はほとんど増えていない。近年には絶対的に減少さえしている。1965年の国内総生産（ＧＤＰ）は33・8兆円、2015年には532・0兆円、16倍近くに増加している。この経済規模の拡大に対して半世紀前より少ない数の税務職員で徴税に当るのは無理な相談である。三十数年前に、こういう人員不足ゆえに「実際の税務調査に入る『実調率』は法人で10%、個人で4%と相当に低い水準になっている」と悲嘆の声があがっていた。「わが国でも税務職員一人につきコスト約500万円の約10倍、5000万円の税収増が見込まれるという計算もある」と税務職員充当の効果も示されていた（福田幸弘・元国税庁長官『税とデモクラシー』東洋経済新報社、1984年刊、25頁）。三十数年後の今日、実調率はさらに低下、脱税が横行しているに相違ない。税務職員増加が財政歳入拡大の確実な道であることには疑問の余地が無い。にもかかわらず、警察は政権に歯向かうことは無いが、税務職員は政治資金やその原資となる法人所得にメスを入れるので、政治家にとって困る存在である、それ故に職員の削減を強いられることになると考えられる。

　＜図表7＞については、1980年には文教費の半分に満たなかった防衛費が、その後着実に増え、文教費が抑制された結果、いまや両者拮抗する状況であることに注目したい。第二次大戦後の冷戦時代、防衛庁（現在は防衛省）の「仮想敵国」（正式には「対象国」）はソ連だった。1991年のソ連解体によって防衛費は大幅に縮小してしかるべきだった。しかし安全保障政策の再定義によって「対象国」は中国に変更されて、防衛費の縮小は叶わず、逆に膨張路線が継続された。小学校・中学校・高校・大学その他の在学者1900万人、教職員235万人が関わる教育関係、自衛隊員25万人が従事する防衛関係、このような両者の関係人数の圧倒的差異を念頭に置いて、防衛費の膨張の異常さを看取する必要がある。一般住民の人生において教育が不可欠の重要性を有することには疑問を差し挟む余地は無いはずである。それに対して「対象国」を「外敵」に位置付けてそれか

らの防衛という問題が果たしてどれだけの実体を有するのか、どれだけ緊急性を有するのか、これは大いに精査の必要を求められるものであるに相違ない。

　政府財政の基盤を健全化してリスクの社会的対応を可能にする道は、以上に見た日本財政の弱点の克服に求められる。すなわち税務職員の増強と低下を続けた税率の見直しを中心に法人税・所得税の増徴に努めること、政府歳出の必要性について根本的に精査して不要不急部分の縮小を図ることである。しかしながら、増税と言えば直ちに消費税増税が論議され、法人税・所得税のあり方に殆ど関心が払われない世論の現状では、この正常の財政健全化策は、絶望的に困難である。むしろ非正常な消費税増税論議に流される懸念が大きい。社会福祉の充実が話題に上る北欧諸国では 25％の高率消費税が政府財政を支えている、日本でも福祉の拡充を望むならば高率消費税を受け入れるべきだ、という論調である。だがこの論調の虚偽であることを＜図表8＞「租税・社会保険料の国際比較」で確認しておきたい。何よりも、スウェーデン・デンマーク・ノルウェーにおいて（法人と個人を合わせた）所得税が一般消費税より多額を占めることが注目される。充実した福祉制度を支えているのは、一般消費税よりもむしろ所得税だという事実を忘れてはならない。雇用主負担の社会保険料まで含めると、一般消費税の占める比率は一層軽くなるのである。同時に、国内総生産（GDP）に占める租税合計の割合が日本・韓国・」米国においては低位にあることから、相当に増税の余地が残されていることも事実に違いない。　（2020.07.24）

図表1. 日米の感染状況比較

国名	人口（百万人）	感染者(人)	死者(人)
米国	326	10,694,288	516,210
日本	127	19,513	977
米国/日本	2.57	558.4	528.4

（人口は 2017 年の数値、他は 2020 年 7 月 3 日時点の数値）

図表2. 盲腸手術入院の
都市別総費用ランキング

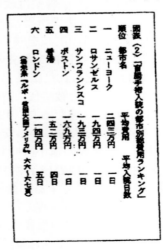

【図表（2）「盲腸手術入院の都市別総費用ランキング」】

順位	都市名	平均費用	平均入院日数
一	ニューヨーク	二四三万円	一日
二	ロサンゼルス	一九四万円	一日
三	サンフランシスコ	一九三万円	一日
四	ボストン	一六九万円	一日
五	香港	一五二万円	四日
六	ロンドン	一四六万円	五日

（出典集「ルポ・貧困大国アメリカ」六六～六七頁）

図表3. 主要国の医療保障

〈図表3〉主要国の医療保障（2007年）

国	医療費（%） 対GDP比	医療費（%） 公費比率	平均在院日数	外来受療率	病院数	乳児死亡率	平均寿命（歳）
カナダ	10.1	70.0	7.3*	2.7*	2.2	5.0	80.7
デンマーク	9.5	84.5	3.5**	3.9	3.2*	3.8	78.4
フランス	11.0	79.0	5.3	3.6	3.4	3.8	80.7
ドイツ	10.4	76.9	7.8	5.7	3.5	3.9	79.8
日本	8.1*	81.3*	19.0	6.3	2.1*	2.6	82.6
スウェーデン	9.1	81.7	4.5	2.1	5.6*	2.5	81.0
イギリス	8.4	81.7	7.2	3.5	3.5	4.8	79.1**
アメリカ	16.0	45.4	5.5	2.7*	2.6	6.7*	78.1*

（注）病床数と医師数は人口1000人当たり。*は2006年、**は2005年。
（典拠）OECD Health Dataより作成。
（出所）新井光吉『日欧米の包括ケア』ミネルヴァ書房、2011年刊、92頁。

図表4. 公務員数の国際比較

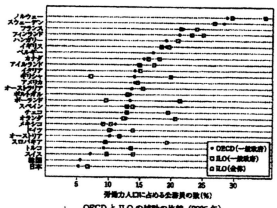

労働力人口に占める公務員の数（%）

OECD と ILO の統計の比較（2005年）

凡例：
● OECD（一般政府）
□ ILO（一般政府）
□ ILO（全体）

図表5. 法人税・所得税と消費税

年度	a法人税 (a/d %)	b所得税 (b/d %)	c消費税 (c/d %)	d租税合計 (d/e %)	e名目国内総生産（単位・兆円）
1986	13.1(30.6)	16.8(39.3)	‥‥‥	42.9(12.6)	340.6
1987	13.8(33.1)	17.4(38.4)	‥‥‥	47.8(12.5)	364.2
1988	18.4(36.8)	18.4(38.3)	‥‥‥	52.2(13.7)	380.7
1989	19.0(33.2)	21.4(37.5)	3.3(5.7)	57.1(13.9)	410.1
1990	18.4(29.5)	26.0(41.4)	4.6(7.4)	62.8(14.3)	442.8
1991	16.6(26.5)	26.7(42.2)	5.0(7.9)	63.3(13.5)	469.4
1992	13.7(27.9)	23.2(40.4)	5.2(9.1)	57.4(11.9)	480.8
1993	12.1(21.2)	23.7(41.5)	5.6(9.3)	57.1(11.8)	483.7
1994	12.4(22.9)	20.4(37.8)	5.8(10.4)	54.0(10.8)	501.5
1995	12.7(22.7)	19.5(34.2)	5.7(10.7)	53.7(10.5)	512.5
1996	14.5(26.3)	19.0(36.4)	6.1(11.0)	55.2(10.5)	525.2
1997	13.5(24.2)	19.2(34.5)	9.3(16.7)	55.6(10.4)	534.1
1998	11.4(22.1)	17.0(33.2)	10.1(19.7)	51.2(9.7)	527.9
1999	10.8(21.9)	15.4(31.2)	10.4(21.2)	49.3(9.5)	519.7
2000	11.7(22.9)	18.8(35.7)	9.8(18.6)	52.7(10.6)	526.7
2001	10.3(22.1)	17.8(35.6)	9.8(10.5)	52.0(9.6)	523.0
2002	9.5(20.7)	14.8(32.3)	9.8(21.4)	45.8(8.9)	519.0
2003	10.1(22.3)	13.9(30.4)	9.7(21.4)	45.4(8.8)	515.4
2004	11.4(23.6)	14.7(30.8)	10.0(20.7)	48.1(9.2)	521.0
2005	12.3(24.8)	15.6(31.1)	10.5(30.8)	50.3(9.6)	524.1
2006	13.1(25.6)	14.1(27.7)	10.5(20.7)	50.9(9.7)	526.9
2007	14.7(27.6)	16.1(31.6)	10.3(20.7)	51.0(9.8)	531.7
2008	10.0(22.6)	15.0(33.9)	10.0(22.6)	44.3(8.5)	520.7
2009	6.4(16.5)	12.9(32.3)	9.8(25.3)	38.7(7.9)	489.5
2010	9.0(20.5)	13.0(29.7)	10.0(22.9)	43.7(8.7)	500.4
2011	8.4(20.8)	13.5(30.9)	10.2(22.6)	45.3(9.2)	491.4
2012	9.8(20.9)	14.0(29.8)	10.4(22.1)	47.0(9.5)	495.0
2013	10.5(20.6)	15.5(30.3)	10.8(21.1)	51.3(10.2)	508.1
2014	11.0(19.0)	16.8(29.1)	16.0(27.7)	57.9(11.2)	513.9
2015	10.8(18.0)	17.8(29.7)	17.4(29.0)	60.0(11.3)	532.0
2016	10.3(17.5)	17.6(30.1)	17.2(29.2)	59.0(10.8)	538.4
2017	12.4(20.2)	17.9(29.2)	17.1(27.9)	61.4	
2018	12.3(20.4)	19.0(30.5)	17.6(28.0)	62.5	

2016年度では決算、2017・2018年度は予算。

（典拠）2006年までは有沢広己『財政統計』、以降は矢野恒太『日本統計年鑑』による。名目国内
総生産は『国民経済計算・2018年版』による毎年の金額。

図表 6. 税務職員と警察職員の推移

〈資料2〉税務職員と警察職員の推移（単位：千人）

	税務職員	警察職員
1965年	131	145
1985年	134	215
2005年	132	249
2015年	111	258

（出典）総務省統計局『日本統計年鑑』各年版

図表 7. 文部省科学振興費と防衛関係費

〈資料3〉文教科学振興費と防衛関係費（単位：10 億円）

	文教科学振興費	防衛関係費
1980年度	4601	2266
1985	4904	3170
1990	5360	4259
1995	6802	4734
2000	6812	4934
2005	5779	4896
2010	5833	4800
2011	6405	5113
2012	6416	4826
2013	5772	4866
2014	5866	5063
2015	5574	5130
2016	5842	5236
2017	5357	5125
2018	5308	5191

（出典）総務省統計局『日本統計年鑑』各年版

図表 8. 租税。社会保険料の国際比較

図表 8. 租税・社会保険料の国際比較

租税・社会保険料の国際比較

	対GDP比（%）								人口1人当たりGDP（米ドル）
	個人所得税	法人所得税	社会保障負担	うち被用者	うち雇用主	一般消費税	合計	（順位）	
スウェーデン	13.8	3.0	11.5	2.7	8.7	9.4	46.5	（2）	24,458
デンマーク	25.2	3.4	1.6	1.0	9.0	10.1	48.2	（1）	23,907
ノルウェー	9.1	12.5	8.5	2.9	6.4	7.3	42.6	（9）	40,229
ドイツ	9.8	1.9	12.9	6.1	6.5	7.1	37.0	（12）	16,335
フランス	7.5	2.3	16.1	4.0	10.8	7.5	43.2	（5）	19,744
アメリカ	8.8	1.8	6.6	2.9	3.3	2.1	26.1	（30）	12,238
カナダ	12.0	3.5	4.8	1.9	2.7	4.3	32.3	（23）	14,428
イギリス	10.7	3.6	6.9	2.6	3.9	6.4	35.7	（15）	15,834
イタリア	11.8	3.7	12.5	2.5	8.2	6.8	43.2	（4）	10,851
スペイン	7.3	2.5	12.1	1.6	8.8	9.2	33.2	（21）	11,808
ギリシャ	4.8	2.5	12.2	4.7	5.7	7.8	32.6	（22）	10,134
韓国	4.0	4.2	5.8	2.4	2.6	4.3	29.5	（29）	3,087
日本	5.6	3.9	10.5	4.8	5.8	2.8	28.1	（27）	10,557

[illegible]

コメント　医学者として

福岡県立大学学長　柴田洋三郎

　ウィルスについての理解は私が学生だった頃に比べると格段に進んでいることが分かった。しかし、新型コロナウィルスについては解明中の事も多い。医学の立場からすると、なぜ急に重症化するのかなど、肝腎なことがまだまだ研究中である。医学の進歩は、病気から学ぶ歴史である。エイズの流行によって、免疫学の理解が格段に深まった。今回の新型コロナ流行は、従来の感染症や炎症防御反応などの病態概念に新たな展開をもたらすであろう。

　今日の話は、医学には素人の皆さんによるものだが、物理学をはじめそれぞれのこれまでの研究分野の蓄積の上に立って、数理解析などの手法によってまじめに検討しておられることを知って大変勉強になった。

　大学もオンライン授業などの新しいやり方を行っている。それにはプラスもマイナスもある。より切実な一つの課題は、来年の共通学力試験の実施である。これは一大学にとどまらずに、全国的な課題である。そのころは、ウィルスの流行はどのような状況にあると予測されるのか、どういう問題を考えておかねばならないのか、目下衆知を集めて検討中である。皆さんからもぜひご協力が得られるとありがたい。

　日本人は、医者を頼りにし、マスク・手洗いなど感染防止にまじめに協力している。いずれは死ぬとしても、このコロナでは死にたくないという気分があるようだ。しかし、風邪と同じように特効薬はない。ワクチンがいずれ開発されても、万能ではない。「新型コロナ」は直接の死因として死亡診断書に記載されることはないだろう。医学にできることは、死なせないことではなく、死ぬまで生きるのを助けることである。

　これを機会に、いろいろと考えさせられる昨今である。

閉会の挨拶

九大名誉教授　中山　正敏

　本日は自粛ムードの中をお集りいただき、長時間にわたり楽しい会でした。実行してみて、実際に顔を見ながら話しあうことの意義を感じました。こういう会がまだ珍しい時節ですがよかったと思います。

　当初は、加藤さん、小田垣さん、私が話す会で取り敢えずは談話会へのウォーミングアップをという軽い気持ちでしたが、大島さんのレビュー、山内さんのお話し、福留さん、柴田さんのコメントによって、充実したものとなりました。時間が不足でしたが、丸山さんの名進行によって無事に終わることができました。

　せっかくの中身ですので、各講演者に報告を書いていただいて、まとめて配布したいと思います。また、質問や討論の時間がほとんどとれませんでしたので、いい足りないこと、新しく話したいことの投稿を歓迎します。

　新型コロナとどう付き合っていくか、みんなまだ模索中だと思います。付き合うにはまず相手を知らなくてはなりません。その作業を少しは出来たかと思います。手ごわいかも知れませんが、まあまあ付き合えそうです。しかし、新型コロナという分からないもので死ぬのはいやだという気持は私にもあります。第一、死ぬのは怖いです。しかし、さっきから考えてみると、死ぬのが怖いのは生きていたい、生きて何かしたいと思うからです。肉体が弱って行ってもう食べたくないようになって死ぬのが理想的な老衰ですが、その過程では考えることも面倒になり、生きていなくてもよいという気分になり、死ぬのが怖くなくなるかなあと、少し楽観的になりました。

　当面は死ぬまでは生き続けましょう。今後ともよろしくお付き合いください。

第二部
講演会後の寄稿、資料

コロナウイルスの感染様式について

九州大学　名誉教授　前田　悠

　外出自粛の頃、コロナ感染についての情報に以前より目を向けるようになったが、そうするとよく分からないことが色々と出てくる。こちらの理解にあいまいなところが多くあり，はっきりした質問の形にならないので、講演会では質問を躊躇していた。この新型コロナウイルスでは空気感染が無視できるとされているが、その根拠が不明であることや、同じ RNA ウイルスであるインフルエンザの場合となぜ違うのかという疑問であった。２０２０年７月上旬にＷＨＯはCOVID-19 のウイルス（SARS-CoV-2）の感染について、airborne transmission（空気感染）は無視できないと表明した。これまでの無視できるという見解はＷＨＯが出していたこと、および、今回その従来の見解を訂正したということのようだ。これにより、それまでの疑問はひとまず消えたが、従来の見解と今回の改訂見解のそれぞれの中身が見えてこないことは新たな疑問となった。この疑問を出発点として、いくつか調べ、考えたことを以下に紹介したい。

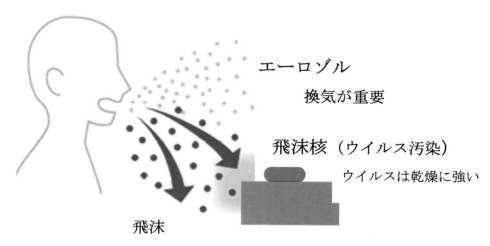

エーロゾル

換気が重要

飛沫核（ウイルス汚染）

ウイルスは乾燥に強い

飛沫

Social distancing 2m

（白木公康・木場隼人、日本医事新報を加筆改作）

１．飛沫感染　(Droplet transmission)

　感染者の咳、くしゃみ、会話などにより、口から飛び出した飛沫の大きさは、およそ２００μm 以下が多い（本稿では直径を用いる）。個数濃度としては

2μm 前後と１２０-１５０μm　辺りに二つのピークを持つサイズ分布をしている。他方、普通の呼気の場合の飛沫は１μm 以下とされている。

　飛沫は、ある時間の経過後に地面やいろいろな物体の表面へ着陸して空中から除かれるが、それらが空中に滞在中に人間が吸いこむことによるのが飛沫感染だろう。ウイルスの大きさを約１００　nm (= 0.1μm) とすると、１０μm の飛沫はウイルスの百万倍ほどの体積となる。

　飛沫感染では、感染者から出た飛沫の粒子の大きさや飛沫の速度が問題となる。この点についての Xie らの研究[1]を４節で議論するが、その一部を以下に紹介する。

　　飛沫が口から飛び出すときの水平方向の速度は、くしゃみで50 m/s、咳で10 m/s、普通の会話で5 m/s　通常の呼気で1 m/s である。５分間のお喋りでは１回の咳と同程度の約３０００個の飛沫が出る。通常の外気では、60 −100 μm の飛沫は水平方向に２m移動する間に水は蒸発して飛沫核になる。大抵の飛沫は初速度にほとんど依存せずに、２m落下する間の水平移動距離は２m以内である。

　液滴の落下については、蒸発による滴径変化 および 浮力を無視した、等速落下の場合の粗い見積りでは、室温では、２００μm の飛沫滴は２m落ちて地面に達するのに 1.7 秒程度要する。より正確な計算の報告（図１）ではもう少し長い。この落下するまでの間に到達する水平方向移動距離が２m以内というのが Xie らの結論である。つまり、水平方向２m以上の場所では、１００μm以上の**飛沫滴は空気から除かれている。**それより小さい飛沫は届くものもあるが、蒸発の効果で飛沫は小さくなり、空気感染のもととなる。飛沫落下を促進させる観点からは飛沫をできるだけ太らせればよい。過飽和にして、滴を大きくすることや、相対湿度を高くして水の蒸発速度を抑えることは有効だろう。

　以上の議論から、social（または physical） distancing 2m の由来が分るが、それは飛沫感染対策であり、空気感染が無視できない場合、その効果は限定的となる。飛沫感染予防にマスクの着用は有効である。無症状の感染者が感染能力を持つという、この厄介なウイルスの場合、まず、自分が感染しているのではないかと疑い、他人へ飛沫を飛ばさないことが感染阻止の第一歩だ。「マスクは己のためならず」である。

２．空気感染　(Airborne transmission) － エーロゾル感染

　感染者の呼気の飛沫のうち、２m以遠に届く可能性ある粒子は、短時間で水平

方向の初速度の記憶を喪失している（くしゃみのような初期速度の大きい場合は別）。また、浮力を受けて、容易には沈降しない。このように、小さい粒子はマクロな運動の方向性をなくして、ブラウン運動する粒子となっている。蒸発による粒径の減少はこの傾向を助長する。これらの長時間空中を漂う粒子に起因する感染を空気感染としよう。飛沫に限れば、飛沫感染との違いは滴の大きさの違いであり、明確な境界はない。しかし、空気中に漂う粒子には、微小飛沫のほかに、水を殆ど含まない飛沫核、および、埃やPM2.5などの粒子がある。これら気体中に微粒子が長時間滞在している状態は、コロイド分散系のひとつの煙霧質（エーロゾル・aerosol）と呼ばれ、液体や固体が気体中に分散したものと定義されている。つまり、「空気感染」とは「エーロゾル感染」に他ならない。

　感染者の呼気中の飛沫やエーロゾル粒子の中のウイルス濃度（密度）はどのようなものだろうか。1ml中にウイルスRNAを7百万コピー含む唾液の場合、吐き出された直後の（乾燥前の）50μmの飛沫滴では、ウイルスを少なくとも1個含む確率は37％との見積りがある[2]。1節で述べたように、呼気の飛沫滴の大きさの分布には二つの山があるとされている。小さい方の集団（2μm前後のもの）はエーロゾルに近く、数秒以内に乾燥する（図1参照）。それらにウイルスが含まれていれば、そして、乾燥に弱くない限り、当然、空気感染が無視できない筈である。飛沫滴中のウイルス濃度の問題とともに、エーロゾル状態のウイルスの失活過程の解明も重要である。

　「空気感染」という言葉は、エーロゾル中の分散粒子を微小飛沫と飛沫核に限定した場合に使用されることが多いようである。この場合、飛沫核を除けば、先に述べたように、飛沫感染との違いには明確な区別はない。しかし、固体表面に着地した飛沫由来のものは、接触感染の原因となるから、その中には、埃やPM2.5などの粒子に付着したウイルスによる感染の可能性がある。これが無視できる根拠は示されていないようである。空気感染といえば、ダイアモンド・プリンセス号の船内感染の頃に、WHOの立場に縛られず、空気感染の重要性が認識されていれば、結果は異なった可能性が高いのではないだろうか。

　感染の見地からは、吸い込まれた後の体内の反応において、飛沫かエーロゾルかというウイルスの分散状態の違いが重要になる。たとえば、粒子の体内の沈着率について、以下の環境省の情報がある。

　粒子の沈着率の傾向として、上気道領域では0.01−1μm（鼻呼吸）及び3μm（口呼吸）までの粒子は沈着率が低い。気管支領域では0.05−2μmまで（口呼吸）、0.05μmより大きい粒子（鼻呼吸）の沈着率が低い。肺胞領域では0.1

－1μm および ０．００1μm あたりの超微小粒子、そして１０μm 以上の粗大粒子の沈着率が低い。微小粒子に関して粒径の大きさや呼吸器系の部位によって沈着の挙動が異なる。

３．換気の悪い部屋は危険な場所 ― 空気感染にもマスクは有効

　複数の人が一つの部屋の中で physical distancing を保っている状況では、エーロゾルの挙動が問題となる。２μm 径の粒子の空気中の拡散係数を単純にストークス則から見積もると、常温常圧で、約２ｘ１０$^{-11}$m^2/s となる。拡散による粒子の移動距離は、１秒間で約６０ μm、１時間で約0.4 mm である。つまり、静止した空気中のエーロゾル集団がばらけるのは遅く（粒子の拡散）、エーロゾル全体が室内の空気の流れ（風）に乗って、上下左右に移動し、長時間空中に滞在する。したがって、空気感染防止の見地からは、換気が重要になる。換気では、部屋の対角線に沿う空気の流れが有効だそうだ。また、循環換気（空調）の場合には、ろ過によるウイルスの除去、紫外線照射などによるウイルスの失活が望ましい。なお、換気に伴って飛沫が遠くまで運ばれることは起こりうるから、この点にも注意が必要である。

　SARS-CoV-2 ウイルスについてのエーロゾル感染はハムスターを使った実験で確認されている(Sia ら)（中山 紹介1）[３]。感染後１日経過した個体を入れたケージと未感染個体を入れたケージを、１．８ｃｍ離して、一つの部屋に８時間置いた。その間１時間に７０回フィルターを通した**換気を行ったが、感染を防ぐことは出来なかった。**

　幸いなことに、空気感染の予防にもマスクが有効なことが最近示された[４]。それによると、感染者の呼気に含まれるコロナウイルスのエーロゾル中の濃度は、**感染者がマスクを着用しない場合、１検体当たり１０^3－１０^{5}個であるが、マスク着用の場合は検出限界まで減少した**[４]。

　検体を３０分間の呼気（平均 17 回の咳を含む）を回収したものと考えよう。今、３万個/検体の値を仮定すると、１分間に２０回呼吸するとして、１回の呼気ごとに約５０個のウイルスが吐き出されることになる。感染者（未発症が多い）と５分間会話すると、換気が無ければ、最大五千個のウイルスが辺りに漂うことになる。しかし、マスクを着用すれば、吐き出すウイルスも吸い込むウイルスも、その量を大幅に減らすことが出来ると期待される。なお、上記[４]実験で使用したマスクは、cat. no. 62356, Kimberly-Clark であり。その性能は筆者には判定できない.

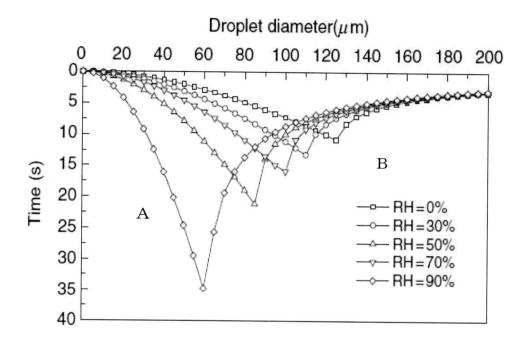

図1. 種々の相対湿度 RH における水滴の蒸発時間（A）および２m落下時間
（B）の初期水滴径への依存性 （１８℃）[1]

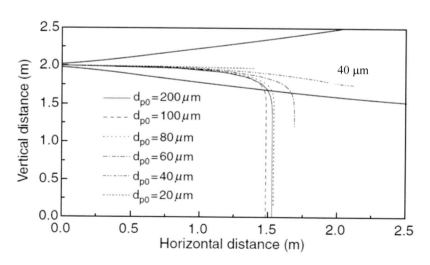

図2. 種々の水滴径の水平方向への移動距離[1]。RH＝５０％、
温度２０℃、初速度１０m／ｓ.
二本の直線は 2mの高さで水平方向に噴出した流体の広がる範囲を示す。

４．飛沫の乾燥と相対湿度 RH

ここまで、飛沫の水平方向や鉛直方向の動きを考えた際には、水の蒸発による飛沫径の変化を簡単化のため無視した。ここでは水の蒸発の影響を考えよう。蒸発による滴径変化および浮力を考慮した水滴の落下の場合について、完全蒸発するまでの時間 A と２m落下するまでの時間 B を初期の水滴径に対していろいろな相対湿度 RH において計算した Xie らの結果を図１に示す[1]。図１においてRH９０％の結果を見よう（ＲＨ７０％と５０％の記号は逆と思われる）。６０μmの水滴は２m落下するのに約３５秒かかり、到着時点で完全に蒸発している。６０μm より小さい水滴は２m下に落下する前に蒸発してしまい、６０μm より大きい水滴は３５秒より短い時間で２m下に到着する。通常の湿度の範囲では、８０μm 以下の水滴は２m下に到着する前に蒸発することを示している。唾液は水以外の溶質を含むから、蒸発は水滴の場合より遅く、少ない。

　また、水平方向の移動距離の水滴径依存性の結果を図２に示す。咳の場合に相当する初速度で吐き出された６０μm 以上の飛沫は２m以内の地上に落ちることを示す。４０μm の飛沫は２．２mほどの地点に到達しているが、エーロゾル化している。

　以上の議論は滴径の揃った集団に対するものだが、現実には液滴のサイズ分布がある。そこでは、オストワルド熟成の機構が無視できないかもしれないが、その効果は未知数のようである。

５．ウイルスの活性（**viability**）と湿度―ウイルスは乾燥に強い！

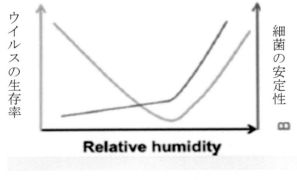

図３．
細菌とウイルスの湿度に対する安定性の模式図 ［５］

図３に模式的に示すように、細菌は湿度の低下とともに、青い曲線のように、初めは急激に、やがては緩やかに生存率が低下する。他方、ウイルスの生存率(viability)は、茶色の曲線でしめされるように、初めは、細菌と同様に急激に生存率が低下するが、低い湿度では逆に生存率が回復し、中間の湿度におい

て一番生存率性が低くなる（U 字型依存性）。他方、インフルエンザウイルスは広い範囲で湿度が低いほど生存率が高いと報告されている。

　最近の Lin, Marr（2020）の結果を紹介しよう［5］。二種のウイルス　φ6 と MS2 を、それぞれの生存に適した媒質（broth）に分散し、エーロゾルまたは液滴の状態で、それぞれの相対湿度の環境中に 1 時間置いた結果が図 4 である。φ6 は 2 本鎖 RNA ウイルスで envelope あり、MS2 は 1 本鎖 RNA ウイルスで envelope 無しである。なお、コロナウイルス（SARS-CoV-2）は 1 本鎖 RNA ウイルスで envelope を持つ。

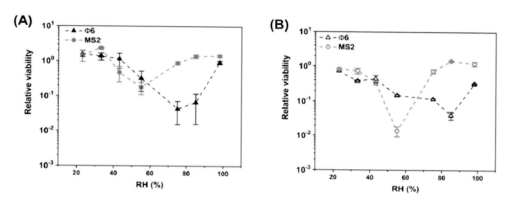

図 4．二種類のウイルスの生存率の相対湿度依存性（温度２２℃）
パネル（A）はエーロゾル、パネル（B）は液滴の結果　［5］

　湿度が低くなるほど生存率がちいさいという高い湿度領域の挙動は自然である。他方、湿度が低くても生存率が維持される、あるいは、湿度低下により生存率が増加するなど、低い湿度領域の挙動は難解である。図 4 における極小の湿度が二つのウイルスで異なることには、ウイルスの違いに加えて、媒質の組成や蒸発速度の違いの効果も寄与している。いずれにせよ、**低湿度におけるウイルスの活性維持が、接触感染源が生じる一つの原因であろう。**

　乾燥した細菌やウイルスは感染能を失うという記述が多い。一つの原因としては、紫外線を遮る水の層がなくなり、光化学反応による、芳香族アミノ酸や核酸塩基の分解・変化による失活が考えられる。

　紫外線の効果のない、上記の Lin, Marr の研究では、ウイルスを分散させている媒質中の溶質濃度を高くするほど、また、その環境に置く時間が長いほど、生存率が減少することが見いだされた。この結果は、不活性化には、液滴媒質のいろいろな分子（溶質）の濃縮が重要な因子であることを示唆する。浸透圧増加

とそれに伴う蛋白質の水和水の減少、そして蛋白質の変性などが考えられる。また、熱力学的性質のほかに、粘度増加、拡散の低下など速度論的な因子の考察も必要だろう。失活したウイルスにおいて、核酸は壊れていない場合もあるので、失活の主因は、宿主細胞への結合に関与する蛋白質の変性によるものだろう。

　低湿度においても活性を保つ、あるいは、湿度が低いほど活性が高いという特異な挙動については、未だ説明が無いようなので、以下の機構を提案したい。

　液滴内の複数のウイルスのうち、すでに失活したものから、変性した蛋白質が生じる。これら変性した蛋白質は、生の状態よりも親水性が減り、両親媒性（界面活性）となることが多い。この変性蛋白質が液滴表面へ吸着して水の蒸発を防ぐ層を形成し、低湿度域での活性維持に寄与する。安定な吸着層を形成するにはそれなりの時間が必要である。

　動物の体内でしか増殖できないウイルスの活性の測定には、多くの場合、培養細胞が利用されるようである。今回の二種のウイルスはバクテリオファージ（細菌に感染するウイルス）であり、プラーク法による評価である。これらバクテリオファージで得られた結論が、現在問題のコロナウイルスへどの程度適用できるかについての検討が必要だろう。

6．感染経路は呼吸のみにあらず ― 接触感染 (Fomite transmission)

呼吸の経路以外の感染（接触感染）も重要である。色々なもの（扉、ドアノブ、テレビリモコン、スマートフォン　などなど）に付着したウイルスを含むもの（以下「ウイルス汚れ」と呼ぼう）を触った手を経由して、口、鼻、目の粘膜から感染する場合である。いろいろなものに付着した微小な飛沫は速やかに蒸発して、「ウイルス汚れ」になる。固体表面のこの「ウイルス汚れ」が感染能を維持するのは、図4に示された、低湿度におけるウイルスの活性維持が大きく関係しているに違いない。表面の吸着層により、「ウイルス汚れ」はある程度の水分を保持し、紫外線による損傷を防いでいるのだろう。しかし、これら「ウイルス汚れ」の固体面への吸着力が小さいと、空中へ再分散の可能性もあるだろう。

　ウイルスが漂っている室内の床や壁などの表面に付着するウイルスの量を考えよう。インフルエンザウイルス（粒径 2.5μm 以下のものが主）の場合であるが、1.6×10^4 genome copies （以下単位と呼ぶ）/ m³のウイルス濃度の空気の室内の壁面では、1時間当たり、1 m² 当たり約13単位付着するという見積りがある [6]。　同様な結果は、以下の粗い見積りによっても得られる。ウイルス濃度がC単位/m³の場合、壁面1 m² 当たり、時間 t の間の付着量を C $(2Dt)^{1/2}$ と近似す

る。拡散係数Dを単純に Einstein-Stokes 式に基づいて評価すると、2 μm の径の粒子に対して $D = 2.2 \times 10^{-11}$ m^2 s^{-1} となる。$C = 1.6 \times 10^4$ m^{-3}, t＝３６００ s より、１時間当たり、1 m^2 当たり約７単位の付着となる。この結果より、**表面付着に関しては、エーロゾル状態のウイルスによるものは少なく、飛沫由来の方が多いことが示唆される**[６]。

　ＷＨＯによれば、ウイルスの生存期間は、プラスチックやステンレスの表面で３日以内、段ボールで１日ほど、銅表面では４時間ほどとされている。この違いはどのように理解できるだろうか。固体表面の親水性と関係するのだろうか。イオン化傾向の小さい銅や銀の抗菌作用は広く知られている。

　先述のハムスターの実験では、接触感染に関する実験結果も示されている[３]。感染個体をケージから出し、その後に未感染個体を入れた。48 時間後に測定した結果は、エーロゾル感染よりも相当低い結果であり、接触感染は少ないことを示唆した。この場合、接触する固体は３種類であった：プラスチック（ケージ）、トウモロコシ穂軸（床）、ステンレス（水飲み口）。これらはウイルスの生存期間の特に短い材質とは考えられない。ヒトとハムスターでは、目、鼻など粘膜に対する手足による接触の程度は異なるだろうが、いずれにせよ、接触感染に関する興味深い情報である。

７．消毒と手洗い

　接触感染の予防には、いろいろな表面の消毒が重要である。消毒にはエタノールや次亜塩素酸系が有効とされている。

　石鹸による手洗いの場合、大きなごみを流し去る場合とは異なり、飛沫核では、石鹸分子が浸透して、いろいろな構成部分を引き離し、流れ去りやすくする効果が期待される。そしてウイルスに対しては、脂質層を除く効果や、構成している高分子物質と結合して変性させるなどの効果が期待される。これらの過程には、ある程度の反応時間が必要であり、表面を洗い流す操作の時よりは長い時間洗剤を皮膚上にとどめる必要がある。２０秒以上と言われている所以である。

　他方、洗浄により、皮膚のバリアー層が除去されるための肌荒れが警告されている。「茶のしずく石鹸」事件は、バリアー層が除去された結果、経皮侵入したたんぱく質のアレルゲンによるものであった。

まとめ

飛沫感染予防には　social(physical) distancing 2m とマスクが有効。

エーロゾル感染の予防には部屋の換気が第一。マスクも有効。

ウイルスは細菌と比較して乾燥に強い。

いろいろなモノの表面に着地した飛沫由来の「ウイルス汚れ」は乾燥した環境でも感染能を残している。空中への再分散もあり得る。

石鹸による手洗いには 20 秒以上かける。

謝辞　本稿の作成に当たり、中山正敏、大島靖美　両博士よりご助言を頂いたことに感謝します。

引用文献・脚注

[1] X. Xie et al., How far droplets can move in indoor environments - revisiting the Wells evaporation - falling curve, *Indoor Air*, 17, 211-225 (2007).

[2] V. Stadnytskyi et al., The airborne lifetime of small speech droplets and their potential importance in SARS-CoV-2 transmission, PNAS, 117(22), 11875-11877　(2020).

[3] S-F. Sia et al., Pathogenesis and transmission of SARS-CoV-2 in golden hamsters, *Nature* on line, 14 May 2020.（中山 紹介1）

[4] N.H.L. Leung et al., Respiratory virus shedding in exhaled breath and efficacy of face masks, *Nature medicine*, 26, 676-680 (2020).

[5] K. Lin, L. C. Marr, Humidity - Dependent Decay of Viruses, but Not Bacteria, in Aerosols and Droplets Follows Disinfection Kinetics, *Environ. Sci. Technol.*, 54, 1024-1032 (2020).

[6] W. Yang et al., Concentrations and size distributions of airborne influenza A viruses measured indoors at a health centre, a day-care centre and on aeroplanes, *J. Roy. Soc. Interface*, 8, 1176-1184 (2011).

前田　悠　maedahrs@cap.bbiq.jp

ウイルスの大きさとマスクの効果

友清　芳二（九州大学名誉教授）

1．ウイルスの大きさ

　感染症（旧伝染病）に、医学的に立ち向かうにはその原因となる細菌やウイルスを特定し、培養した後動物を使って毒性を調べ、有効な薬を探索するのが王道である。細菌もウイルスも小さいので肉眼で識別することはできず、顕微鏡の助けを必要とする。細菌（ペスト菌や結核菌など）の大きさは 1〜5 マイクロメートルなので、これは光学顕微鏡で見ることができる。一方、ウイルス（ポリオ、麻疹、風疹など）は細菌の 10 分の 1 から 20 分の 1 程度なので光学顕微鏡では見えない。電子顕微鏡が Ruska によって世界最初に作られたのは 1932 年、ウイルスの観察に成功したのが 1939 年である。野口英世が黄熱病の研究に取り組んだのはまだ電子顕微鏡が出現する前のことである。電子顕微鏡のおかげでウイルスの形や大きさが分かるようになったのである。SARS ウイルスもインフルエンザウイルスも大きさは 0.1 マイクロメート（μm）程度であり、円形または楕円形の表面から細い紐状のものが伸びているのがコロナ（皆既日食の時に肉眼で見える太陽周囲の微光、「コロナ」はラテン語で「王冠」を意味する）の様に見えることからコロナウイルスと呼ばれている。

　透過電子顕微鏡で観察されたインフルエンザウイルスの写真は、例えば東京都感染症情報センターの HP で見ることができるほか、電子百科事典（例えばブリタニカ国際大百科事典）などにも紹介されている。

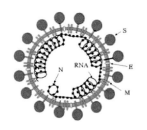

図1　SARS ウイルス
　　　の模式図.

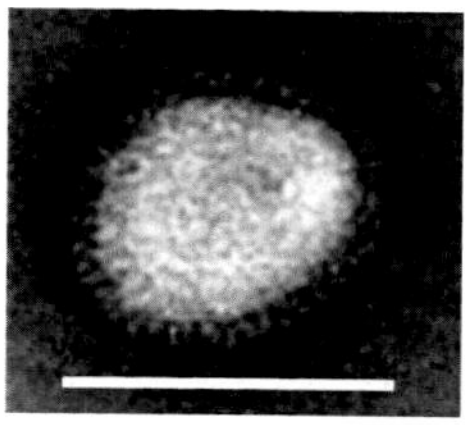

図2　インフルエンザウイルス
　　　の電子顕微鏡写真.

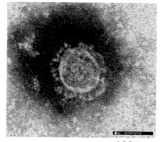

100 nm

図3　新型コロナウイル
　　　の電子顕微鏡写真.

　図1に「SARS ウイルス」の模式図（田口　文宏　ウィルス　第 53 巻　第 2 号 P201-209 2003.）を示す。図2にインフルエンザウイルスの電子顕微鏡写真（出典：東京都感染症情報センター）、図3に新型コロナウイルスの電子顕微鏡写真（国立感染症研究所提供）を示す。ここで、100 nm は 0.1 マイクロメートルである（1μm= 1000 分の 1 mm、1 nm= 1000 分の 1 μm）。

２．マスクの効用

　マスクは公衆衛生学的立場から伝染病拡大を防ぐ手段のひとつとして、すでにスペイン風邪が流行ったときから着用が推奨されている。大正期の内務省の指示には、「特に呼吸器保護器（マスク）の使用を実行せしめられ、〜」と言う記録があるそうである（国際日本文化研究センター　磯田道史　准教授）。しかし、スペイン風邪はインフルエンザウイルスなので当時のマスクではほとんど効き目はなかったと思われる。

　マスクに期待される効果は次の三つである：①感染者がつければ飛沫飛散防止効果、②未感染者がつければ吸引率減少効果、さらに、③汚れた手指で口や鼻を直接触るのを防ぐ効果、である。

ハムスターを使った模擬実験でもマスクの有効性が証明されている（TV で実験の様子が放映されたが、出典は不明）。

ただし、マスクは飛沫感染や、接触感染には効果があるが、空気感染を起こす病原菌・ウイルスに対しては、ほとんど効き目がないという指摘もある。

一口にマスクと言っても材質やデザインが違うし、付け方次第ではほとんど効果が無い場合もあるので、マスクは選び方と付け方が大切といわれている。

３．マスクの基準

　いくら効果があっても作業現場でプロが使うような本格的防塵マスクや防毒マスクは呼吸がしにくく、日常の生活に常時装着できるものではない。市民が日常手軽に使用できるには、ある程度通気性が良く、手軽に着脱でき、軽い物でなければならない。マスクは選び方と付け方が大切と言われているが、不適切な材料、不適切な作り方のマスクは何の役にも立たない。

　日本製のマスクにはどのような基準で濾過率のテストをしたかがたいてい表示されている。

- ・PFE（微粒子濾過効率：ラテックス微粒子　遮断効率試験）100 nm をカットできる率
- ・VFE（生体ウイルス濾過率：生体ウイルス　遮断効率試験）100〜500 nm をカットできる率
- ・BFE（細菌濾過効率：　バクテリア　濾過率試験）3000 nm をカットできる率

＊1 nm（ナノメートル）は 1000 分の 1 μm（マイクロメートル）、1 μm は 1000 分の 1 mm。

　100 nm 程度のウイルスを 95% くらいカットできるのが　N95、99% くらいカットできるのが N99、である。

４．マスクの材質

　前述したように、ウイルスは花粉に比べると一桁小さい 0.1 マイクロメートル程度なので、これをカットするのは容易でなく、普通の布地やガーゼだけで作られたマスクはほとんど期待できないことが明らかである。マスクは顔につけるものであるから、透過性や密着性、吸湿性だけでなく肌触り（感触）も大切である。一種類の材料ではこれらの条件を満たせな

いので、日本製のマスクは真ん中にポリウレタン製不織布フィルターを使った3層構造になっている物が多い。ポリウレタンだけの単層マスクも市販されている。使用されている不織布の目の大きさ（開いている隙間）はおよそ5マイクロメートルであり、ウイルスの大きさ0.1マイクロメートルに比べて50倍ほど大きい。しかし、人の呼吸時の飛沫は大きいのでこれに付着したウイルスはかなりの割合がフィルターで止められる。フィルターに静電気を帯電させて微細粒子を電気的に捕集できるような処理をされたものもある。さらに、マスク表層に光触媒の働きを持つ酸化チタン（細菌やウイルスを分解する作用を持つ）を塗布したものもある。

5．マスクの大きさと形状

　人の口と鼻は立体的なので平面状のマスクで隙間なく覆うのは容易ではない。　大人用には伸縮可能なひだ付きタイプで大きさの違うものが市販されている。密着性を考慮した立体的形状の物も市販されている。装着した時、隙間をなるべく少なくするために、鼻の上部と口元に樹脂製のフィッティング・バーが入っているタイプもある。

　以上、マスクの選び方と付け方の大切さが分かっていただければ幸いである。新型コロナウイルスは、感染しても無症状で元気な人を介して拡散する、と言われている。マスクをつけると、くしゃみや咳をした時に前方への飛沫の飛び方は大幅に狭められることがわかっている。マスクは決して万全な感染予防策ではないが、他人へ移すリスクを下げるためにも人混みのところへ出かける際には装着が推奨される。

謝辞
　これをまとめるにあたって福永裕美博士（九州大学　超顕微解析研究センター　学術研究員）からいろいろな助言をいただきました。この場を借りて感謝申し上げます。

友清　芳二　tomokiyo.yoshitsugu.620@m.kyushu-u.ac.jp

SIQR モデルによる COVID-19 検証事例の報告

SIQR モデル研究会　　須田　礼二

1. はじめに

　　この報告は小田垣孝氏が提唱する SIQR モデルにより、2020 年 2 月から 5 月に流行した COVID-19 の感染動向を主要 9 ヶ国について検証することにより、日本の感染実態の特異な傾向を明らかにするものである。

　　最終的に 712 人の感染者を出したダイヤモンド・プリンセス号が 2 月 3 日に横浜港に帰港し 2 月 19 日から下船を開始した後、事態の成り行きを注視していた筆者は、3 月から 4 月にかけて日本の感染者数の推移が諸外国と異なることに気がついた。図 1 は累積の感染者 100 人達成後の推移を国別に比較したもので、日本の挙動はかなり特異なカーブを描いていることがわかる。

　　オリンピック延期決定日（3/24）までの日本の動きが、なぜ、ドイツやフランスと違うのか。なぜ、集団免疫政策を採用したスウェーデンとも違っているのか。また、なぜ、延期決定日以降に急速に感染者数が増加しているのか。これらの疑問に対して SIQR モデルによる理論解析を通じて、どのような事態が進行していたかを以下にまとめる。

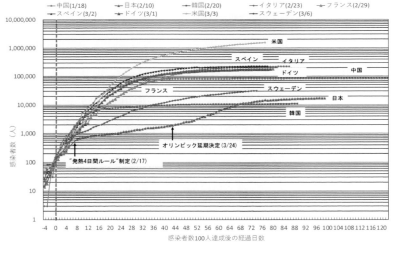

図 1　100 人達成後の感染者数推移の国別比較（9 ヶ国）

2. 解析の手法

　　はじめに、小田垣孝氏による論文[1]に基づき SIQR モデルによる解析の手法を整理する。従来の SIR モデルを改良した SIQR モデルの特色は、検査で判明する隔離感染者と未検査のままの市中感染者を分けて感染症の流行現象を理論的に解明するもので、また、流行を抑えるための対策を理論的に考察できるところにある。

2.1 基本式の設定

統計データとして毎日報告されているのは「新規感染者数」であり、これを「日ごと陽性者数」として扱うと、SIQR モデルでは $\Delta Q(t) = q\,I(t)$ と表すことができる。すなわち、$I(t) = \Delta Q(t) / q = \Delta Q(t) / (\beta N - \gamma - \lambda)$ となる。ここで、$I(t)$ は市中感染者数、q は市中感染者隔離率、βN は感染係数、γ は市中感染者治癒率、λ は $(\beta N - q - \gamma)$ で表せる感染者増減率決定量となる。

次に、感染対策の政策を反映する接触自粛率(a)と隔離対策増減係数(b)並びに新規感染陽性者隔離率(q')を考慮した λ として，$\lambda = (1 - q' - a)\,\beta N - q\,b - \gamma$ を定義する。なお、潜伏期間が長く感染後にすぐに隔離される人はいないため、新規感染陽性者隔離率(q')はゼロとみなす。

2.2 検証の手順

「日ごと陽性者数」$\Delta Q(t)$ は市中感染者数 $I(t)$ と同様に λ の係数を持つ指数関数 $\Delta Q(t_0)e^{\lambda(t - t_0)}$ で近似的に示されるものとする。また、日ごと陽性者数の発生分布をもとに、初動期、拡大期、移行期、減衰期に区分し、第1期から第4期という通しの期間区分も設定する。実績値をもとに各期に区分した指数近似曲線を求めて係数 λ と初期値 $\Delta Q(t_0)$ を決定する。なお、中国と韓国では感染拡大時期が早く第1期より拡大期とする。次に、以下の手順で γ、βN、q、a、b を設定する。

① 市中感染者治癒率 γ は、全期間ほぼ一定と考えられるため、治癒日数を33日と推定し、その逆数 0.03 を設定する。

② 第2期（拡大期）の市中感染者隔離率 q は極めて少ないと考えられるため、q = 0 と設定する。

③ 第2期（拡大期）の感染係数 βN は、第2期データによる指数近似曲線で決定された係数 λ より設定する（$\beta N = \lambda + q + \gamma$）。この βN は第1期、第3期、第4期も同様とする。

④ 第3期（移行期）の市中感染者隔離率 q は、第3期データによる指数近似曲線で決定された係数 λ（限りなく0に近い）と βN、γ より設定する（$q = \beta N - \gamma - \lambda$）。この q は第1期、第4期も同様とする。

⑤ 第4期（減衰期）の接触自粛率 a と隔離対策増減係数 b は、第4期データによる指数近似曲線で決定された係数 λ と既に設定された βN、q、γ にもとづいて $\lambda = (1 - q' - a)\,\beta N - q\,b - \gamma$ となるように設定する。a と b の設定後に再設定された λ は感染者増減率決定量と定義する。なお、接触自粛率 a のデフォルト値は 0、隔離対策増減係数 b のデフォルト値は 1.0 とし、第1期(初動期)では b を可変、第4期（減衰期）では a と b を可変として扱う。

3．各国データの分析

以上の解析の手法にもとづいて、日本と東京都の感染者数実績値データと諸外国の感染者数実績値データを分析し、各国の状況と SIQR モデルのパラメータを明らかにする。

3.1 検証対象の国々と使用データ

SIQR モデルによる COVID-19 検証事例として取り上げる国々は、日本と東京に加えて世界の感染者数で上位を占め、かつ、累積感染者数が 100 人に達した早い順で感染対応策に特色のある国を選定する。中国(1/18)、韓国(2/20)、イタリア(2/23)、フランス(2/29)、ドイツ(3/1)、スペイン(3/2)、米国(3/3)、スウェーデン(3/6)の 8 ヶ国である。なお、カッコ内は累積感染者数が 100 人に達した月日で、日本は 2/10 である。

市中感染者と陽性者の理論推定値のグラフは、市中感染して 2 週間後に陽性者が発生したと仮定し、韓国では早期の対応がみられたため 1 週間後に陽性者が発生したと仮定する。

理論解析に使用した日本のデータは、厚生労働省からの公表値による東洋経済 ONLINE データ[2]で、解析目的のためダイヤモンド・プリンセス号のデータは除いた。東京のデータは東京都からの公表値[3]、諸外国のデータはジョンズ・ホプキンス大学からの公表値[4]で、参考データの人口と検査実施件数データは Worldometers's COVID-19 data[5]による。

3.2 日本と東京の状況

オリンピック延期決定日（3/24）までの日本の動向に特殊性があるため、期間区分は第 1 期を 2/18〜3/23 とし検査抑制期として扱う。第 2 期の拡大期は 3/24〜4/10、第 3 期の移行期は 4/11〜4/18、第 4 期の減衰期は 4/19〜5/19 と設定する。

なお、日ごと陽性者数実績値データによる理論解析値とパラメータ検証値は表 1 にまとめ諸外国と一緒に示す。

(1) 隔離対策増減係数 b について

日本の第 1 期の検査抑制期では、指数近似曲線で得られた λ と第 2 期から第 4 期で決定された βN、q、γ より、行動自粛率 a は 0 とみなし隔離対策増減係数 b を求めると 0.57 となる。すなわち、日本ではオリンピック延期決定日（3/24）まで、検査抑制により第 2 期以降の隔離対策の 6 割程度の対応を取っていたことが推定される。

(2) 接触自粛率 a について

日本の第 4 期の減衰期では、指数近似曲線で得られた λ と第 2 期、第 3 期で決定された βN、q、γ より、隔離対策増減係数 b は 1.0 とみなし接触自粛率 a を求めると 0.53 となる。すなわち、日本全体の減衰期での自粛行動は 5 割程度であったと推定される。

また、同一の方法で東京都データによる減衰期の接触自粛率 a を求めると 0.70 となり、東京では 7 割程度の自粛行動が取られていたと推定される。

(3) 感染係数 βN と市中感染者隔離率 q について

日本での感染係数 βN は 0.152、市中感染者隔離率 q は 0.13 であり、後述する諸外国との比較ではかなり小さい結果が得られている。

(4) 市中感染率について

日本の市中感染者の推定倍率は 8.51 で、陽性者数 1.6 万人に対して市中感染者は約 14 万人、市中感染率は 0.109%と推定される。

また、同一の方法による東京都データの検証結果では、市中感染者の推定倍率は 9.86 で、

陽性者数 0.5 万人に対して市中感染者は約 5 万人、市中感染率は 0.365％と推定される。

　なお、図 2 と図 3 に日本と東京都の陽性者実績値と指数近似曲線のグラフを示す。また、市中感染して 2 週間後に陽性者が発生したと仮定した場合の日本と東京都の市中感染者と陽性者の理論推定値のグラフを図 4 と図 5 に示す。

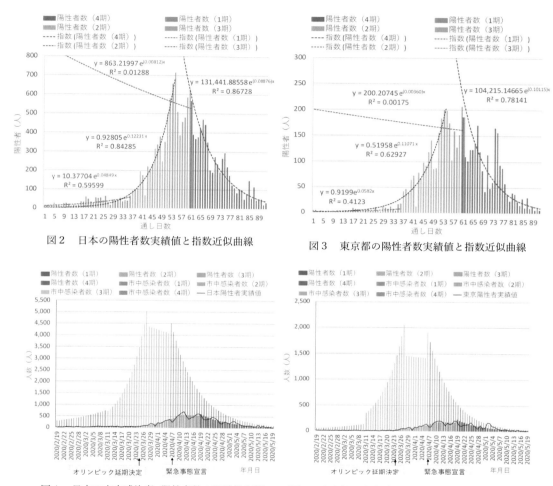

図 2　日本の陽性者数実績値と指数近似曲線　　図 3　東京都の陽性者数実績値と指数近似曲線

図 4　日本の市中感染者・陽性者数の理論推定値　図 5　東京都の市中感染者・陽性者数の理論推定値

　図 4 をみると市中の感染ピークは移行期中間の 4 月 1 日頃であり、緊急事態宣言は 6 日後の 4 月 7 日に出され、この日から市中感染者の減衰が始まっていることがわかる。また、オリンピック延期決定日（3/24）は市中感染拡大の真っ最中にあったことになる。

3.3　諸外国の状況

(1)中国の状況

　中国での期間区分は、第 1 期の拡大期を 1/23〜2/2、第 2 期の移行期を 2/2〜2/4、第 3 期の減衰期を 2/5〜3/6 と設定する。感染係数は 0.332 で 9 ヶ国中最も大きく、市中感染者

隔離率も 0.345 と最も大きい結果となった。市中感染の推定倍率は 2.19 で、陽性者数 8.4 万人に対して市中感染者は約 18 万人、市中感染率は 0.013％と推定される（図 6,7 と表 1 を参照）。

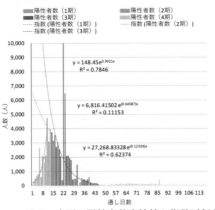

図 6　中国の陽性者数実績値と指数近似曲線

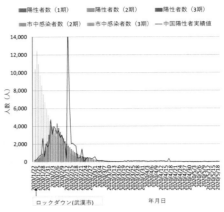

図 7　中国の市中感染者・陽性者数の理論推定値

(2)韓国の状況

　韓国での期間区分は、第 1 期の拡大期を 2/20〜2/29、第 2 期の移行期を 3/1〜3/4、第 3 期の減衰期 1 を 3/5〜3/18、第 4 期の減衰期 2 を 3/19〜5/19 と設定する。感染係数は 0.266、市中感染者隔離率は 0.22 となり、日本と比べるといずれも 2 倍近く大きい結果となった。韓国では感染拡大が急速の一方、減衰も早かったといえる。第 3 期の隔離対策増減係数 b は 1.78 で対策後感染係数 βN の低下に寄与。徹底検査による早期発見・早期隔離の政策が効果的といえる。市中感染の推定倍率は 3.32 で、陽性者数 1.1 万人に対して市中感染者は約 3.7 万人、市中感染率は 0.072％と推定される（図 8,9 と表 1 を参照）。

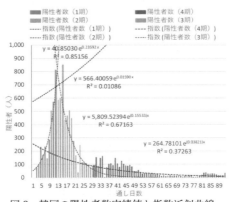

図 8　韓国の陽性者数実績値と指数近似曲線

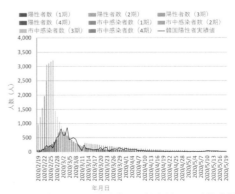

図 9　韓国の市中感染者・陽性者数の理論推定値

(3)イタリアの状況

　イタリアでの期間区分は、第 2 期の拡大期を 3/1〜3/27、第 3 期の移行期を 3/28〜4/2、第 4 期の減衰期を 4/3〜5/19 と設定する。感染係数は 0.195、市中感染者隔離率は 0.165 と

なり、日本と比べると 3 割～4 割ほど大きい結果となった。一方、第 4 期の接触自粛率は 0.21 で日本よりも小さく、自粛行動は徹底されていないようにみえる。市中感染の推定倍率は 6.03 で、陽性者数 23 万人に対して市中感染者は約 137 万人、市中感染率は 2.26％と推定される（図 10,11 と表 1 を参照）。

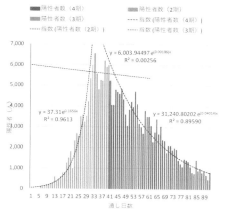

図 10　イタリアの陽性者数実績値と指数近似曲線

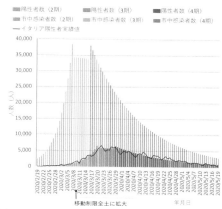

図 11　イタリアの市中感染者・陽性者数の理論推定値

(4)フランスの状況

　　フランスでの期間区分は、第 2 期の拡大期を 3/1～3/31、第 3 期の移行期を 3/31～4/11、第 4 期の減衰期を 4/12～5/19 と設定する。感染係数は 0.209、市中感染者隔離率は 0.204 となり、日本と比べると 4 割～5 割ほど大きい結果となった。一方、第 4 期の接触自粛率は 0.28 で日本よりも小さく、自粛行動は徹底されていないようにみえる。市中感染の推定倍率は 3.08 で、陽性者数 18 万人に対して市中感染者は約 56 万人、市中感染率は 0.85％と推定される（図 12,13 と表 1 を参照）。

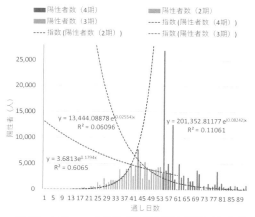

図 12　フランスの陽性者数実績値と指数近似曲線

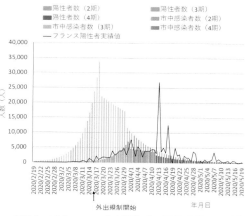

図 13　フランスの市中感染者・陽性者数の理論推定値

(5)ドイツの状況

　ドイツでの期間区分は、第2期の拡大期を2/23〜3/20、第3期の移行期を3/21〜3/28、第4期の減衰期を3/29〜5/19と設定する。感染係数は0.238、市中感染者隔離率は0.21となり、日本と比べると6割〜7割ほど大きい結果となった。一方、第4期の接触自粛率は0.21で日本よりも小さく、自粛行動は徹底されていないようにみえる。市中感染の推定倍率は4.58で、陽性者数18万人に対して市中感染者は約81万人、市中感染率は0.97％と推定される（図14,15と表1を参照）。

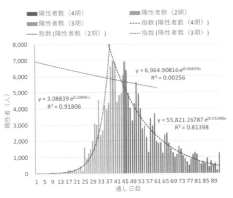

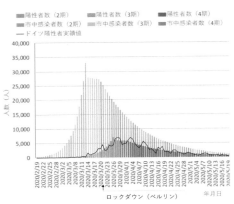

図14　ドイツの陽性者数実績値と指数近似曲線　　図15　ドイツの市中感染者・陽性者数の理論推定値

(6)スペインの状況

　スペインでの期間区分は、第2期の拡大期を3/2〜3/25、第3期の移行期を3/26〜4/1、第4期の減衰期を4/2〜5/19と設定する。感染係数は0.279、市中感染者隔離率は0.249となり、日本と比べると8割〜10割ほど大きい結果となった。一方、第4期の接触自粛率は0.25で日本よりも小さく、自粛行動は徹底されていないようにみえる。市中感染の推定倍率は3.66で、陽性者数23万人に対して市中感染者は約85万人、市中感染率は1.82％と推定される（図16,17と表1を参照）。

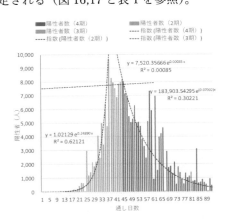

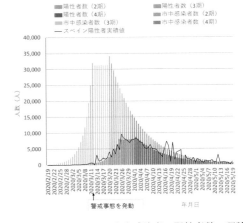

図16　スペインの陽性者数実績値と指数近似曲線　　図17　スペインの市中感染者・陽性者数の理論推定値

(7)米国の状況

　米国での期間区分は、第 1 期の初動期を 3/3〜3/18、第 2 期の拡大期を 3/19〜4/4、第 3 期の移行期を 4/4〜4/23、第 4 期の減衰期を 4/24〜5/19 と設定する。第 2 期以降の感染係数は 0.148、市中感染者隔離率は 0.100 となり、日本と同レベルの傾向となった。市中感染の推定倍率は 9.59 で、陽性者数 153 万人に対して市中感染者は約 1,465 万人、市中感染率は 4.43％と推定される（図 18,19 と表 1 を参照）。

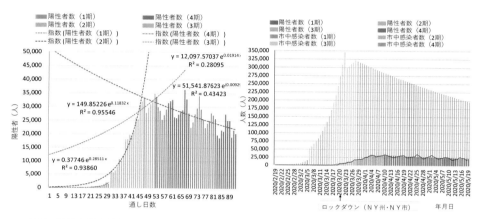

図 18　米国の陽性者数実績値と指数近似曲線　　図 19　米国の市中感染者・陽性者数の理論推定値

(8)スウェーデンの状況

　スウェーデンでの期間区分は、第 2 期の拡大期を 3/6〜4/10、第 3 期の移行期を 4/11〜4/23、第 4 期の減衰期を 4/24〜5/19 と設定する。感染係数は 0.113、市中感染者隔離率は 0.0673 となり、日本と比べると 2 割〜4 割ほど小さい。また、第 4 期の減衰期の接触自粛率は 0.24 となり日本よりも小さく、自粛行動は徹底されていない。市中感染の推定倍率は 14.1 で、陽性者数 3.1 万人に対して市中感染者は約 43 万人、市中感染率は 4.32％と推定される（図 20,21 と表 1 を参照）。

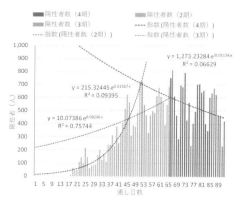
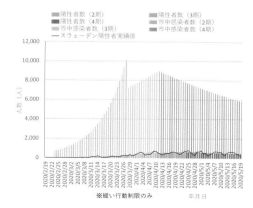

図 20　スウェーデンの陽性者数実績値と指数近似曲線　　図 21　スウェーデンの市中感染者・陽性者数の理論推定値

スウェーデンの場合、市中感染者隔離率が極めて小さく、市中感染率が非常に大きい傾向がみられる。これは集団免疫政策を反映したものと考えられる。

表1　理論解析値とパラメータ検証値

	項目		日本	東京都	中国	韓国	イタリア	フランス	ドイツ	スペイン	米国	スウェーデン
第1期	期間		2/18-3/23	2/18-3/23	1/23-2/2	2/20-2/29	-	-	-	-	3/3-3/18	-
	初期値		10.377	0.91993	148.45	40.85	-	-	-	-	0.37746	-
	指数近似式の係数	λ	0.04849	0.05823	0.30212	0.23592	-	-	-	-	0.28511	-
	決定係数 R2		0.59599	0.41231	0.7846	0.85156	-	-	-	-	0.9386	-
	接触自粛率	a	0.00	0.00	0.00	0.00	-	-	-	-	0.00	-
	隔離対策増減係数	b	0.57	0.46	1.00	1.00	-	-	-	-	1.00	-
	感染係数	βN	0.152	0.141	0.332	0.266	-	-	-	-	0.315	-
	市中感染者隔離率	q	0.130	0.114	0	0	-	-	-	-	0	-
	市中感染者治癒率	γ	0.03	0.03	0.03	0.03	-	-	-	-	0.03	-
	新規感染陽性者隔離率	q'	0	0	0	0	-	-	-	-	0	-
	感染者増減率決定量	λ	0.04790	0.05856	0.30200	0.23600	-	-	-	-	0.28500	-
	対策後感染係数 (λ+q+γ)		0.20790	0.20256	0.33200	0.26600	-	-	-	-	0.31500	-
	市中感染推定倍率	1/(qb)	13.50	19.07	2.90	4.55	-	-	-	-	10.00	-
第2期	期間		3/24-4/10	3/24-4/10	2/2-2/9	3/1-3/4	3/1-3/27	3/1-3/31	2/23-3/20	3/2-3/25	3/19-4/4	3/6-4/10
	初期値		0.92805	0.51958	6816.4	566.4	37.31	3.68129	3.08839	1.02129	149.85	10.07386
	指数近似式の係数	λ	0.12231	0.11071	-0.04587	0.0159	0.16562	0.17942	0.20846	0.2489	0.11832	0.08266
	決定係数 R2		0.84285	0.62927	0.11153	0.01806	0.96134	0.60648	0.91086	0.6212	0.95546	0.75744
	接触自粛率	a	0.00	0.00	0.00	0.00	0.00	0.00	0.00	0.00	0.00	0.00
	隔離対策増減係数	b	1.000	1.000	1.00	1.00	1.00	1.00	1.00	1.00	1.00	1.00
	感染係数	βN	0.152	0.141	0.332	0.266	0.195	0.209	0.238	0.279	0.148	0.113
	市中感染者隔離率	q	0	0	0.345	0.220	0	0	0	0	0	0
	市中感染者治癒率	γ	0.03	0.03	0.03	0.03	0.03	0.03	0.03	0.03	0.03	0.03
	新規感染陽性者隔離率	q'	0	0	0	0	0	0	0	0	0	0
	感染者増減率決定量	λ	0.12200	0.11100	-0.04300	0.01600	0.16500	0.17900	0.20800	0.24900	0.11800	0.08300
	対策後感染係数 (λ+q+γ)		0.15200	0.14100	0.33200	0.26600	0.19500	0.20900	0.23800	0.27900	0.14800	0.11300
	市中感染推定倍率	1/(qb)	10.59	13.92	2.90	4.55	6.06	4.90	4.76	4.02	10.00	14.9
第3期	期間		4/11-4/18	4/11-4/18	2/5-3/6	3/5-3/18	3/28-4/2	3/31-4/11	3/21-3/28	3/26-4/1	4/4-4/10	4/11-4/23
	初期値		863.20	200.20	27268.8	5809.5	6004	13444.1	6964.9	7520.4	12098	215.32445
	指数近似式の係数	λ	-0.00812	-0.0036	-0.12333	-0.15533	-0.00186	-0.02554	-0.00459	0.00085	0.01914	0.01567
	決定係数 R2		0.01288	0.00175	0.62374	0.67163	0.00256	0.06096	0.00256	0.00085	0.28095	0.09395
	接触自粛率	a	0.00	0.00	0.24	0.00	0.00	0.00	0.00	0.00	0.000	0.00
	隔離対策増減係数	b	1.00	1.00	1.00	1.78	1.00	1.00	1.00	1.00	1.00	1.00
	感染係数	βN	0.152	0.141	0.332	0.266	0.195	0.209	0.238	0.279	0.148	0.113
	市中感染者隔離率	q	0.130	0.114	0.345	0.220	0.165	0.204	0.21	0.249	0.100	0.0673
	市中感染者治癒率	γ	0.03	0.03	0.03	0.03	0.03	0.03	0.03	0.03	0.03	0.03
	新規感染陽性者隔離率	q'	0	0	0	0	0	0	0	0	0	0
	感染者増減率決定量	λ	-0.00800	-0.00300	-0.12268	-0.15560	0.00000	-0.02500	-0.00200	0.00000	0.01800	0.01570
	対策後感染係数 (λ+q+γ)		0.15200	0.14100	0.25232	0.09440	0.19500	0.20900	0.23800	0.27900	0.14800	0.11300
	市中感染推定倍率	1/(qb)	7.69	8.77	2.90	2.55	6.06	4.90	4.76	4.02	10.00	14.9
第4期	期間		4/19-5/19	4/19-5/19	3/7-5/19	3/19-5/19	4/3-5/19	4/12-5/19	3/29-5/19	4/2-5/19	4/11-5/19	4/24-5/19
	初期値		131442.00	104215.00	-	264.8	31241	201353	55821	184904	51542	1273.2
	指数近似式の係数	λ	-0.08876	-0.10115	-	-0.03821	-0.04014	-0.08242	-0.05248	-0.07002	-0.00929	-0.01134
	決定係数 R2		0.86728	0.78141	-	0.37263	0.8959	0.11061	0.81398	0.30221	0.43423	0.06629
	接触自粛率	a	0.53	0.70	-	0.00	0.21	0.28	0.21	0.25	0.190	0.24
	隔離対策増減係数	b	1.00	1.00	-	1.25	1.00	1.00	1.00	1.00	1.00	1.00
	感染係数	βN	0.152	0.141	-	0.266	0.195	0.209	0.238	0.279	0.148	0.113
	市中感染者隔離率	q	0.130	0.114	-	0.220	0.165	0.204	0.21	0.249	0.100	0.0673
	市中感染者治癒率	γ	0.03	0.03	-	0.03	0.03	0.03	0.03	0.03	0.03	0.03
	新規感染陽性者隔離率	q'	0	0	-	0	0	0	0	0	0	0
	感染者増減率決定量	λ	-0.08856	-0.10170	-	-0.03900	-0.04095	-0.08352	-0.05198	-0.06975	-0.01012	-0.01142
	対策後感染係数 (λ+q+γ)		0.07144	0.04230	-	0.21100	0.15405	0.15048	0.18802	0.20925	0.11988	0.08588
	市中感染推定倍率	1/(qb)	7.69	8.77	-	3.64	6.06	4.90	4.76	4.02	10.00	14.9
その他	市中感染推定平均倍率		8.51	9.86	2.19	3.32	6.03	3.08	4.58	3.66	9.59	14.1
	陽性者数(2020/05/19現在)		16,241	5,117	84,063	11,109	226,699	180,932	177,778	232,037	1,528,567	30,799
	市中感染者数		138,204	50,431	183,937	36,909	1,367,416	557,765	814,258	850,074	14,656,595	435,659
	市中感染率(%)		0.109	0.365	0.013	0.072	2.26	0.85	0.97	1.82	4.43	4.32
	死亡者数(2020/05/19現在)		771	244	4,638	263	32,169	28,025	8,081	27,778	91,921	3,743
	致死率(%)		4.75	4.77	5.52	2.37	14.19	15.49	4.55	11.97	6.01	12.15
	人口10万人あたり死亡者数		0.61	1.77	0.32	0.51	53.20	42.94	9.65	59.42	27.79	37.10
	人口 (×1万人)		12,651	1,382	143,932	5,126	6,047	6,526	8,376	4,675	33,081	1,009
	検査実施件数(2020/05/25現在)		271,201	58,534	?	826,437	3,447,012	1,384,633	3,595,059	3,556,567	14,749,756	209,900
	人口10万人あたり検査実施件数		214	424	-	1,612	5,700	2,122	4,292	7,608	4,459	2,080
	人口10万人あたり陽性者数		13	37	6	22	375	277	212	496	462	305

備考　・感染者増減率決定量　$\lambda = (1-q'-a)\beta N - qb - \gamma$

４．各国対策の比較

　各国の感染対策について感染者増減率決定量(λ)の大きさにより積極グループ(λ ≦-0.1)、平均グループ(-0.1< λ <-0.02)と消極グループ(-0.02≦ λ <0)に分けて比較する。図 22 の右方向は検査/隔離体制の充実度、下方向は接触自粛度(＋早期隔離効果)の大きさを表す。

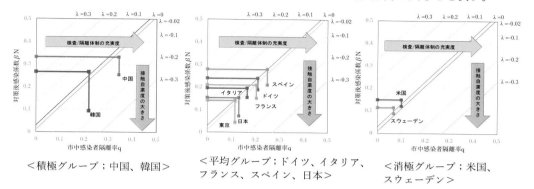

<積極グループ；中国、韓国>　　<平均グループ；ドイツ、イタリア、フランス、スペイン、日本>　　<消極グループ；米国、スウェーデン>

図 22　市中感染者隔離率と対策後感染係数の状況

注）接触自粛率でみると日本は 53％、東京は 70％でかなり大きいが、元の感染係数値が小さいため、接触自粛度の大きさは小さめである。

市中感染者隔離率と対策後感染係数の状況を示す図 22 より次のことが明らかになった。

① 検査/隔離体制が充実した国は中国、韓国である。

② 接触自粛度(＋早期隔離効果)が大きい国は韓国で、徹底検査による早期隔離で対策後感染係数が低下している。

③ 検査/隔離体制が充実せず、接触自粛度が小さい国は米国、スウェーデンである。集団免疫政策を取ったスウェーデンは両指標ともに最も小さい。

　以上のことから、ロックダウンせず、PCR 検査による陽性者の早期発見・隔離政策を取った韓国の対策は効果的であったといえる。

５．まとめ

　日本の新型コロナ感染動向の特徴について以下にまとめる。

（1）検査実施件数と陽性者数について

　　10 万人あたりの検査実施件数をみると、日本の検査実施件数は極めて少なく 214 件である。これは、韓国の 1/7、フランスやスウェーデンの 1/10、ドイツや米国の 1/20、イタリアの 1/26、スペインの 1/35 である。また、10 万人あたりの陽性者数をみると 13 人であり、検査実施件数に応じて非常に少ないことが図 23 でも明らかである。

（2）市中感染者隔離率と感染係数について

　　日本の市中感染者隔離率は 0.130 で、米国（0.100）とスウェーデン（0.067）を除く諸外国（0.165〜0.345）と比べて 2 割から 6 割ほど小さい。また、感染係数は 0.152 で、米国（0.148）とスウェーデン（0.113）を除く諸外国（0.195〜0.332）と比べて 2 割から 5 割ほど小さい。なお、図 24 の市中感染者隔離率と感染係数に関する各国の傾向を

みると、両者には非常に高い相関性のあることが分かる。

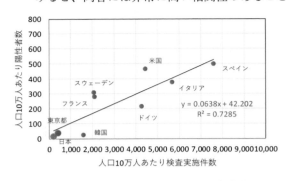

図23　10万人あたりの検査実施件数と陽性者数

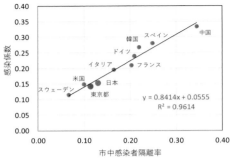

図24　市中感染者隔離率と感染係数

(3) 市中感染者隔離率と市中感染者平均推定倍率について

　　　図25の市中感染者隔離率と市中感染者平均推定倍率の関係図では、隔離率が小さく
なると市中感染者の推定倍率が大きくなる傾向がみられる。日本の場合は推定倍率が
8.52であり、スウェーデンの14.1と米国の9.59に次ぐ3番目に位置している。

(4) 陽性者数と市中感染率について

　　　図26の10万人あたりの陽性者数と市中感染率の関係図では、陽性者数が少ない場
合、市中感染率も小さくなる傾向がみられる。日本の市中感染率は0.11%であり、中国
と韓国に次ぐ3番目に位置している。一方、10万人あたりの陽性者数が多いスウェーデ
ンや米国の市中感染率は4.3%から4.4%、スペインやイタリアでは1.8%から2.3%と
推定される。

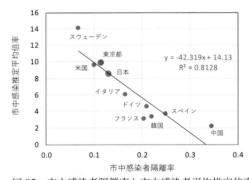

図25　市中感染者隔離率と市中感染者平均推定倍率

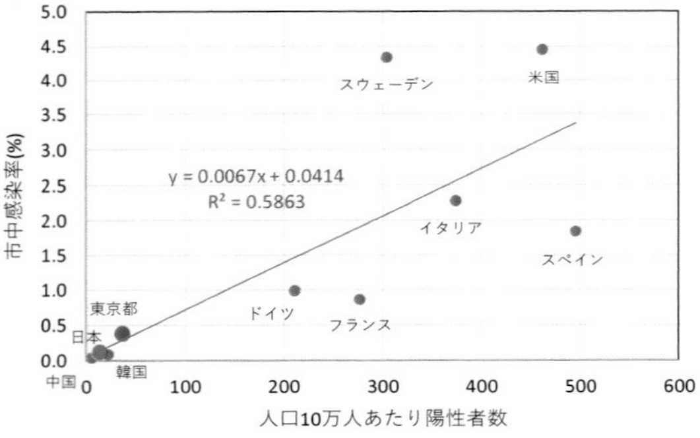

図26　10万人あたりの陽性者数と市中感染率

(5) 市中感染率と抗体保有率実績値について

　　　SIQRモデルによる市中感染率の推定値を評価するためには、各国での大規模な抗体
保有率の調査結果が待たれる。現状では、地域や調査対象が限定されており、断片的な
データでみざるをえないが、日本や米国、スウェーデンなどの実情調査結果を踏まえる
と、かなり現状の実態を再現できる可能性のあるモデルといえる（表2を参照）。特に、

96

東京都の市中感染率0.365%はソフトバンクグループの抗体保有率0.43%に近い結果が得られている。

表2　抗体検査結果と市中感染率

国名	検査グループ・対象範囲	検査人数	抗体保有率	市中感染率
日本	東大先端研児玉グループ；都内一般医療機関	500人	0.60%	0.109%；日本
	ソフトバンクグループ	44,066人	0.43%	0.365%；東京都
米国	ニューヨーク州保険局	15,000人	12.30%	4.43%
	カリフォルニア州サンタクララ郡	3,300人	1.50%	
	ロサンジェルス郡	863人	4.10%	
スウェーデン	ストックホルム		7.30%	4.32%
備考	・日本、米国、スウェーデンの出典は参考文献7)〜10）に示す ・市中感染率はSIQRモデルによる検証値を示す			

（6）接触自粛率とモバイル調査の移動減少率について

　　第4期の減衰期での接触自粛率は、日本全体で53%、東京都では70%と推定された。これはグーグルによるモバイル端末機の位置情報を利用した移動調査報告[6]よりも高めである。すなわち、同報告のデータによれば第4期（4/19〜5/19）の「小売・娯楽」「乗換駅」と「職場」の平均移動減少率は日本全体で39%、東京都で54%であった。スウェーデンの場合、第4期の減衰期での接触自粛率24%に対して同報告の平均移動減少率は24%でたまたま一致したが、その他の国ではいずれも接触自粛率の方がモバイル調査の移動減少率よりも小さい傾向がみられる（図27を参照）。

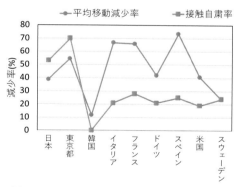

図27　モバイル移動減少率と接触自粛率

　　日本の場合、欧米よりも国民の自粛度はかなり高いといえそうであるが、移動減少率が必ずしも接触自粛率をあらわすものではないのは、イタリア、フランス、スペインなどロックダウンした国をみると分かる。これらの国では移動減少率が60〜70%と高いが、接触自粛率は20〜30%と低い。この理由として考えられるのは、これらの国の致死率が高いことで、移動減少率と接触自粛率の差との関係をみるとかなり高い相関性のあることが分かる(図28)。すなわち、致死率の高い国の方がロックダウンの効果が少なく、接

触自粛率は低くなる傾向がみられる。

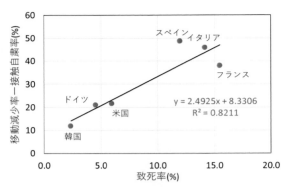

図28　致死率と「移動減少率と接触自粛率の差」の相関性

ロックダウンした国の接触自粛率が低い理由の背景には、①新型コロナウイルスの毒性
や感染力の強い変種により致死率が高くなり、移動減少だけでは接触感染を減らせない可
能性があること、②マスク着用への抵抗感、ハグ、握手、大声での会話など生活習慣の違い
により、移動減少だけでは接触感染を減らせない可能性があること、に注意が必要である。

(7) 日本の特殊性について

　　日本の検査実施件数は極めて少なかったが、単にそれだけでは図1に示す感染者数推
　移の特異なカーブを説明できない。その他で考えられる日本の特殊性の要因は次の通り。

　1) 厚生労働省が発表した『新型コロナウィルスを防ぐには』(2/17) では、37.5℃以
　　　上の発熱4日以上でないと相談できない“発熱4日間ルール”が制定された。厳密
　　　に運用された結果、帰国者・接触者相談センターへの相談件数に対し、全国のPCR
　　　検査実施件数の割合は3月11日までは2.9%、3月31日までで4.0%であった。

　2) オリンピック延期決定日（3/24）まではオリンピック開催に不利な感染者数情報
　　　は極力、少ないことが期待されていた。SIQRモデルの検証により、延期決定日ま
　　　での第1期の検査抑制期では隔離対策増減係数は0.57で、第2期以降と比べて
　　　検査が4割ほど抑制されていたことが明らかとなった。図1の日本のカーブが
　　　2/17～3/24の期間で特異なのはこのためと考えられる。

　3) 延期決定日以降は感染者数情報の公開にブレーキはなくなったが、厚生労働省と
　　　国立感染症研究所等の政府機関が感染データの統一的分析を理由として独占する
　　　ため、民間業者等のPCR検査拡大方策が取られず、“発熱4日間ルール”の検査抑
　　　制がさらに続行された。

　4) 検査抑制の結果として日本の市中感染者隔離率は0.13であり、米国（0.100）と
　　　スウェーデン（0.0673）を除く諸外国（0.165～0.345）と比べて2割から6割ほど
　　　小さくなったことがSIQRモデルの検証で明らかになった。

参考文献

1) 小田垣孝、新型コロナウィルスの蔓延に関する一考察、物性研究・電子版 Vol.8,No.2,082101(2020年5月号)

2) 新型コロナウィルス　国内感染の状況、東洋経済 ONLINE, (online),available from <https://toyokeizai.net/sp/visual/tko/covid19/>, Accessed: <2020-05-21>

3) 東京都　新型コロナウィルス感染症対策サイト、(online),available from <https://stopcovid19.metro.tokyo.lg.jp/>, Accessed: <2020-05-21>

4) Coronavirus COVID-19 Global Cases by Johns Hopkins,(online),available from <https://reliefweb.int/report/world/coronavirus-covid-19-global-cases-johns-hopkins-csse>, Accessed: <2020-05-21>

5) COVID-19 CORONAVIRUS PANDEMIC ,(online),available from <https://www.worldometers.info/coronavirus/>, Accessed: <2020-05-25>

6) Google LLC *"Google COVID-19 Community Mobility Reports"*,(online),available from <https://www.google.com/covid19/mobility/> Accessed: <2020-06-05>

7) 児玉龍彦、川村猛、東京都の抗体陽性率検査結果について（記者会見）、東京大学先端科学技術研究センター、2020年5月15日

8) ソフトバンクニュース_抗体検査結果速報値と出口戦略、 <https://www.softbank.jp/sbnews/entry/20200610_01> Accessed: <2020-06-12>

9) 上昌弘ツイッター2020年5月7日、日本と海外の抗体保有率と超過死亡、山下えりかWEB調査日 2020/5/5〜7

10) 東京新聞（朝刊）、新型コロナ　各国で抗体検査、2020年6月7日

（2020年7月26日）

新型コロナウイルスの第3波に備える

科学教育総合研究所　小　田　垣　孝

1. はじめに

　日本における新型コロナウイルス（SARS-CoV-2）の蔓延は、新規陽性者数の曲線を見る限り、4月上旬と7月下旬に二つのピークをもって増減し、現在はゆっくりと緩和しているように見える。このことから、政府や各自治体は、接触機会削減を求めた種々の制限を緩めて、Go To キャンペーンなど経済を活性化させる取り組みを加速させている。一方、市民の多くは第3の波が来ることを危惧し、今なお「巣ごもり」生活を送っている人も多い。

　先に提案した SIQR モデル[1,2]は、多くの国の感染状況の分析に用いられている。須田[3]は、主要9カ国の感染状況を分析し、各国の対策の比較を行っている。また、並木[4,5]は、「実効感染機会人口」の考え方を SIQR モデルに導入し、日本のいくつかの都市の感染曲線の分析と最終観測日以後の感染者の予想を行っている。さらに、槇[6] は、SIQR モデルに潜伏期間を導入した改良を試みている。また、海外でもインド[7,8]、イタリア[9]、スウェーデン[10]、ブラジル[11]の研究者が、独自に SIQR モデルを用いてそれぞれの国の感染状況を分析している。

　現在日本で見られている感染曲線の波は、1918年-1920年に世界で流行したスペイン風邪で見られた第1波〜第3波と同じものかどうかは、今後の分析に基づく判断が必要である。ここでは、一つの可能性として、メディアによる大量の情報に接する市民が、自主的に行っている行動制限と接触自粛が変動することによっても感染者数の波が生じることを示す。また、9月20日以後、様々な制限が緩和されており、そのことによって生じるであろう感染者数の増加（第3波）を抑えるためには、安価で容易に受けられる PCR 検査を導入して、感染者を自宅やホテルで確実に隔離することが必要であることを示す。

2. 9月までの新規陽性者数の変化

　SIQR モデルは、全人口(N)を未感染者(S)、市中感染者(I)、隔離感染者(Q)、回復者(＋死者)(R)に分類し、感染者数の時間変化を

$$\frac{dI}{dt} = \beta S \frac{I}{N} - qI - \gamma I \tag{1}$$

で表わす。ここで、β は未感染者と市中感染者が接触したときの感染係数[12]、q は市中感染者の隔離率、qI は感染が確認されて、隔離された人の数 $\Delta Q(t)$ を表し、γ は感染者の治癒（＋死亡）率である。感染者数が少ない初期では、$I + Q + R \ll N$ が成立し、$S \approx N$ と近似できるので感染者数の満たす微分方程式は

$$\frac{dI}{dt} = \beta I - qI - \gamma I \equiv \lambda I \tag{2}$$

100

となる。ただし、$\lambda = \beta - q - \gamma$ は、感染者数の増減率を決定する量である。増減率が時間に依存し $\lambda(t)$ と表される場合、(2) 式の解は、

$$I(t) = I(0)\exp(\int_0^t \lambda(t')dt') \tag{3}$$

で与えられる。

　増減率 $\lambda(t)$ を決めるパラメータの中で、γ はほぼ一定であるのに対して、$\beta(t)$ は都市封鎖などが行われると小さくなり、また市民が接触を自粛すれば小さくなる。一方、隔離率 $q(t)$ は、PCR 検査の対象を広げることにより、大きくできる。

　(3) 式の $I(t)$ は市中感染者数であるが、潜伏期間の分布関数が一山をもつ滑らかな関数の場合、新規陽性者数 $\Delta Q(t)$ は平均潜伏期間前の市中感染者数に比例することが示される[13]。そこで、

$$\Delta Q(t) = \Delta Q(0)\exp(\int_0^t [\beta(t') - q(t') - \gamma]dt') \tag{4}$$

を仮定し、3 月 26 日 $(\Delta Q(0) = 96$人$)$ から 9 月 19 日までの全国の新規陽性者数の変化[14]を(4) 式で合わせたのが図 1(a) である。図 1(b) は、このフィッテングに用いた $\beta(t),\ q(t)$ およびそのときの増減率 $\lambda(t)$ の変化を示す$(\gamma = 0.04)$。

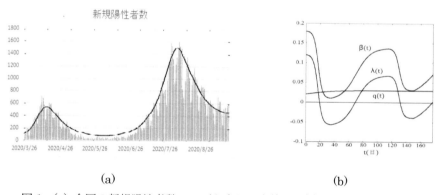

| (a) | (b) |

図1　(a) 全国の新規陽性者数の日ごと変化。実線は、(4) 式によるフィッテング。データは厚生労働省による[14]。(b) フィッテングに用いた $\beta(t),\ q(t)$ および増減率 $\lambda(t)$ の変化。$\gamma = 0.04$

新規陽性者数の変化は、(3) 式から $\lambda(t)$ のみによって決まるので、γ が一定としても、それを $\beta(t),\ q(t)$ に分けるのは一意的ではない[15,16]。ここでは、$\beta(t)$ と $q(t)$ が共に双曲線正接関数 (tanh(x)) に従って区間毎に二つの値の間を滑らかに変化するものと仮定し、できるだけ観測データを再現するようにパラメータを決定した。

　図 1 は、人々の接触自粛の変動によって、新規陽性者数の波打った変化が説明できることを示唆している。

3．第3波を起こさないために

政府や東京都、各自治体は、新規陽性者数が9月は減少傾向にあるとして、経済活動を活性化させるために種々の制限を緩和しようとしている。しかも、対策は市民が十分な感染予防対策をすることだけであり、これまで十分な感染予防対策を行ってきた市民はさらに何をすれば良いのかと戸惑いが広がっている。ここでは、三つの想定で新規陽性者数の変化を予想したものを図2に示す。図2の曲線(1),(2),(3)は次の条件で求めたものである。

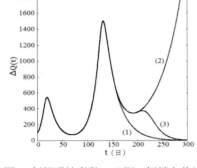

図2 新規陽性者数の予測。極端な状況がわかるようにパラメータを設定したもの。(1) 現在の接触制限を保った場合、(2)制限緩和だけを行った場合。(3) 制限緩和に加えて、隔離を充実した場合。

(1) 9月とほぼ同じ状況が続く場合：
$(\beta \sim 0.03, q \sim 0.03)$。
(2) 検査体制は同じで、大幅な制限緩和により、接触頻度が3培になった場合：$(\beta \sim 0.09, q \sim 0.03)$。
感染係数が増加し、第3波が起こることが予想される。
(3) (2)の大幅な制限緩和と同時に、PCR検査体制を充実して隔離率を3.3倍にした場合：$(\beta \sim 0.09, q \sim 0.1)$。
明らかに (3) の場合の対策により、感染を収束に向かわせることができる。

4．おわりに

感染者数の増加や減少は、ウイルスが変異しない限り、人々の行動や、検査による隔離の効率に大きく依存し、それらのバランスによって増加あるいは減少が決まっている。この小論では、日本で見られる新規陽性者数の波は、このバランスの微妙な変化によっても説明できることを明らかにした。
図2から分かるように、第3波が起こるか起こらないかは、行動制限の緩和と感染者の隔離をどれだけ効率的に行うかによっている。経済を活性化させるために制限緩和して、人々の接触機会が増えると、いくら個々人がコロナ対策をしていても、感染係数が増加した地域で感染が広がり、そこがエピセンターとなってさらなる感染拡大に繋がることが予想される。

現在の状況で感染拡大を抑制し、経済を活性化させるためには、既に定説化しつつあるように、閉鎖された空間に人が集まるところでは、PCR検査陰性者のみの集まりにすることが重要である。さらにサービスを提供する人々がPCR検査陰性であることが保証されれば、人々は安心してそのサービスを利用することができ、自ずと経済も活性化するであろう。感染者を見つけ出し隔離することは、一種の予防医療であり、これまでの医療行政の考え方とも合っている。

図2の結果は、極端な状況がわかるようにパラメータを設定して求めたものであるが、実際には、自粛によるコスト関数と隔離数増加による医療費・社会的経費のコスト関数を用いて、目的に合った最適の対策を考える必要がある。

そのために必要な数学的枠組みを別の論文[17]で提案している。

参考文献

[1] H. Hethcote, M. Zhien and L. Shengbing, Math. Biosciences **180**, 141-160 (2002).

[2] 小田垣孝, 物性研究・電子版 Vol. **8**, No. 2, 082101 (2020 年 5 月号).
   http://mercury.yukawa.kyoto-u.ac.jp/~bussei.kenkyu/wp/wp-content/uploads/2020-082101 v5.pdf

[3] 須田礼二、「新型コロナについて語る--サイエンスの立場から」（中山他編、花書院、2020）．

[4] 並木正夫、新型コロナ第 2 波感染の予測 https://www.ecoledz.jp/120702.html

[5] H. Isshiki, M. Namiki, T. Kinoshita and R. Yano, (2020)
   https://arxiv.org/search/?query=Hiroshi+Isshiki&searchtype=all&source=header

[6] K. Maki, (2020) https://doi.org/10.1101/2020.08.18.20177709

[7] A. Tiwari, (2020) https://doi.org/10.1101/2020.04.12.20062794

[8] A. Tiwari, (2020) https://doi.org/10.1101/2020.06.08.20125658

[9] M, G. Pedersen and M. Meneghini, (2020) https://doi.org/10.13140/RG.2.2.11753.85600

[10] L. Sedov. A. Krasnochub and V. Polishchuk, (2020)
   https://doi.org/10.1101/2020.04.15.20067025

[11] N. Crokidakis, Chaos, Soliton and Fractals **136** 109930 1-6 (2020).
   https://doi.org/10.1016/j.chaos.2020.109930

[12] 両辺の示量性を明確にするために、文献[2]の βN を、ここでは改めて β と表す。

[13] T. Odagaki, Infectious Disease Modelling, **5**, 691-698 (2020).
   https://doi.org/10.1016/j.idm.2020.08.013

[14] 厚生労働省, オープンデータ 2020.
   https://www.mhlw.go.jp/content/pcr_positive_daily.csv

[15] K. Hashiguchi, (2020) https://doi.org/10.1101/2020.08.04.20167882

[16] K. Hashiguchi, (2020) https://doi.org/10.1101/2020.09.01.20185611

[17] T. Odagaki, (2020) https://arxiv.org/abs/2007.12846v2

紹介１　ハムスター間の感染実験論文

九大名誉教授　　中山　正敏

＜　袁教授（香港大学）らによる、ハムスター間の感染についての論文は、コロナウィルスの感染の機構についての基本的な知見を与えてくれるものである。以下に、部分を抄訳して紹介する。
なお、図や表は一部を引用した＞

Pathogenesis and transmission of SARS-CoV-2 virus in　golden Syrian
　　hamsters
S.F.Sia et al, Nature on line , 14 May 2020

表題：金色シリアハムスターにおける SARS-CoV-2 ウィルスの病因と伝播

要約：

　SARS-CoV と SARS 関連コロナウイルスに核酸相同性が高いと馬蹄形バットで検出された新型 SARS-CoV-2 によるパンデミックは、全世界に流行し、医療システムとグローバル経済に大きな影響を与えている。SARS-CoV-2 ウィルスに対するワクチンと治療法の開発のために、典型となる適切な小動物が緊急に必要である。金色シリアハムスターにおける SARS-CoV-2 の病理と伝播について報告する。呼吸器系と消化器系の通路の上皮において複製された SARS-CoV-2 ウィルスは、接種後の２，５日において肺の浸潤影領域にウィルス抗原（antigen）を病理学的に示し、その後 7 日目にはウィルスの消滅と組織の修復が見られた。ウィルス抗原は、2 日目には十二指腸の上皮で検出されたが炎症はなかった。注目すべきは、SARS-CoV-2 ウィルスが接種ハムスターから同じケージ内の無感染だった接触ハムスターへ有効に伝播することが観察されたことである。接種ハムスターと自然感染したハムスターの体重は、10%以上低下する。すべての検査動物は、14 日後には回復し、中和抗体が検出された。我々の結果は、金色シリアハムスターの SARS-CoV-2 ウィルスにおける感染は、ヒトの中程度の感染に似ていることを示唆する。

本文一部の抄訳

　ハムスターへの接種は、$TCID_{50}$ が 8×10^4 のウィルスを、鼻腔内に注入した。dpi (days post inoculation) ＝2，5，7日目に、鼻甲介、肺、脳、心臓、十二指腸、肝臓、脾臓、腎臓からサンプルを採取し、ウィルス複製能と病理変容をモニターした。肺におけるウィルス荷？は dpi=2 で最大となり、dpi=5 では減少し、dpi=7 では感染は検出されなかった。一方、RNA 複製数は高い値が検出され続けた。

＜以下、病理学的な記述があるが、省略する＞

　ハムスターにおける SARS-CoV-2 ウィルスの伝播力を調べるために、3 匹のドナーハムスターに $TCID_{50}$ が 8×10^4 のウィルスを鼻腔内に注入した。24 時間後に新しいケージに別々に入れて、無感染（naive）ハムスターと同居させた。ドナーと接触相手とについて、14 日間にわたって、体重と診療とを毎日行い、鼻腔洗浄水を 1 日おきにモニターした。ドナーでは、鼻腔洗浄水のウィルス荷は接種後の早期に認められ、その後急速に減少する。RNA 数は 14 日間にわたって継続的に観察された（図 1）。SARS-CoV-2 ウィルスを接種された HS の体減少の極大は 6 日目で、（—11.9±4.51）％である（サンプル数 6）（図 2）。SARS-CoV-2 ウィルスの同居 HS への伝播は顕著で、ｄｐｃ（days post contact）=1 から見られ、dpc=3 で鼻腔洗浄水のウィルス荷は最大となる（図 3）。鼻腔洗浄水 shed の全ウィルス荷は、各サンプル HS の曲線下の面積で近似できる。接触 HS の値はドナーHS と同程度である。接触 HS の体重減少は dpc=6 で最大となる(図 4)。（—10.68±3.42）％である（サンプル数は 3）。すべてのサンプル HS の体重は dpc=11 で元へ戻る（Fig. 2d）。中和抗体価はプラーク抑制中和法（PRNA）で求めた。ドナーHS では、dpi=14 において力価（titer）はすべての HS で 1:640 である。接触 HS では、dpc=13 において、力価は 1:160, 320, 160 である。ウイルス RNA 数はすべての HS で検出され続けているので、繰り返し実験として、dpi=6 に同居させた。ウィルス RNA 数の低い値が、一匹の dpc=3,7 で観測されたが、感染性ウィルスは検出されず、すべての HS で体重の減少はなかった。dpc=12 における接触 HS の抗体価は、PRNA 値が 1:10 以下であった。これらの結果は、接種 HS の SARS-CoV-2 ウィルスの伝達期間は 6 日以下であることを示唆している。ドナーから接触 HS への伝達力は、感染性ウィルスの検出とは相関しているが、RNA 数とは相関が低い。

　ドナーHS から同居接触 HS への伝播は、多様なルートを介して行われるだろう。HS 間の SARS-CoV-2 ウィルスのエアロゾルを介しての伝播を調べるために、ドナーHS と無感染 HS とを dpi=1 の 8 時間、2 つの針金ケージに入れて置いた（図 5）。実験は 1:1 の 3 つのペアについて行った。露出後、HS サンプルは、単独のケージに入れて、dpc=14 までモニターした。ドナーHS は dpi=6 までウィルスを鼻洗浄水へ出し続け、RNA 数は 14 日間検出された(図 6)。ドナーの糞便には、RNA 数が dpi=2,4,6 と検出されたが、感染性ウィルスは検出されなかった。ドナーの体重は図 2 と同様にかなり減少した（図 7）。エアロゾル経由の伝播は顕著で、露出 HS の鼻洗浄水に感染性ウィルスは dpc=1 から検出され、ウィルス荷は dpc=3 で最大となった(図 6)。感染 HS の糞便からは感染ウィルスは検出されなかったが、RNA 数が 14 日間にわたって検出された。エアロゾル接触 HS の体重減少は、dpc=7 で最大となった（（—7.72±5.42）％、サンプル数 3、図 7）。

　エアロゾル接触 HS は、ドナーHS と同程度のウィルスを鼻洗浄水へ流出した。PRNA 法で検出された抗体価は、ドナーHS では、dpi=16 で 1:320, 640, 640 である。接触 HS では、dpc=16 ですべて 1:640 である。

器物による SARS-CoV-2 ウィルスの伝播を調べるために、一匹のドナーHS が 0~2dpi 住んで汚染されたケージに 3 匹の無感染 HS を一匹づつ入れた。汚染ケージに単独で 48 時間入れた HS の器物感染を、dpc=2（ドナーでは dpi=4 に相当）で新しいケージに入れた。HS を入れた汚染ケージの異なる表面部分から採取したサンプルで、ウィルス RNA が検出された。感染性ウィルスの低い値が、床（2dpi）、側面（2dpi）、飲み水用ボトル（4dpi）から検出された（表 1）。3 匹中の 1 匹について、鼻洗浄水の感染ウィルス荷が 1dpc から検出され、3dpc でピークとなった。糞便からはウィルス RNA が検出されたが、感染ウィルス値は検出されない。体重減少は 7dpc で 8.79%である。PRNA 法による血清中の中和抗体価は、3 匹中の 1 匹で 16dpc において 1:320 である。全体として、HS 間の SARS-CoV-2 ウィルスの伝播は、主として器物接触よりはエアロゾル経由による。

　接種 HS から無感染 HS への伝播は、直接接触かエアロゾル経由で起こる。また伝播は接種後の早い時期に起こる。この発見は、最近の別の研究と合致している。

　SARS-CoV と SARS-CoV-2 ウィルスの伝播の似ている点と異なる点も分かった。両者ともに、呼吸器系の上皮で複製され、接種後の早期にウィルス荷は最大となり、単核肺胞への浸潤性炎症が起こり、7dpi までには感染は終わる。呼吸器系経路からのウィルスの急速排除をもたらす宿主防衛機構の理解は、SARS-CoV-2 ウィルスに対する有効な手段の開発に役立つであろう。無感染 HS へのエアロゾル経由の有効な伝播は、この新型ウィルスの感染ダイナミックスの理解の機会を与えてくれよう。

＜この実験から得られる知見＞
1. 　まず、接種により感染の時期が特定できるので、その後のウィルス密度の変動がよく分かる。体重変化を症状と見ると、それが顕著でない 2～3 日後に密度が最大となり、その後抗体形成によって減少する。他への感染は 6 日以内である。
2. 　感染過程としては、同居（直接接触）とエアロゾル経由とが主であり、感染後の変動は感染元の値を時間をずらしたものである。器物経由の感染はそれほどではない。
3. 　エアロゾル感染は、8 時間で起こる。それは呼気によって空気中へ放出されたウイルスが、吸気によって入り込む過程である。
　これをヒトに当てはめるには、大きさの違いを考えねばならない。ハムスターの体重は約 100gr で、ヒトの 1/500 である。肺の大きさは、ほぼ体重に比例する。一方、呼吸の頻度は体重の 1/4 乗に反比例する（本川達雄「ゾウの時間とネズミの時間」）。ヒトの呼吸は 1 分間 20 回である。$500^{(1/4)}$~4.8 だから、ハムスターの呼吸は 1 分間に 96 回である。8 時間には 4.6 万回になる。この間に 8 万個のウィルスが移動するので、1 回の呼吸で 1.7 個のウィルスが出入りする。
　ヒトの肺はハムスターの 500 倍だから、4 千万個のウィルスで感染する。呼

吸量は 500/4.8＝104 倍だから、38 万回の呼吸でうつる。時間は 320 時間である。1 回の呼吸で約 100 個のウィルスが移動する。

2 匹のハムスターのケージ間隔は 1.8cm だったが、ケージの大きさがあるので、ハムスターの間隔は 20cm 程度であろう。身体の大きさの尺度は体重の 1/3 乗だから、ヒトはハムスターの 7.8 倍である。ヒトにとっては約 1.6m である。感染者とこの程度の距離で 32 時間いるとほぼうつるということである。1 時間だと約 3%でうつる。こういうことを頭に入れて、他人との接触をコントロールすればよい。

図 1. 接種 HS のウィルス密度

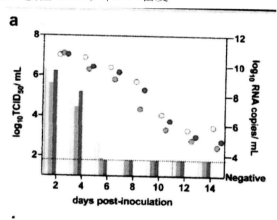

図 2. 接種 HS の体重変化

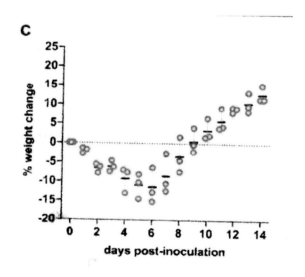

図 3. 同居感染 HS のウィルス密度変化

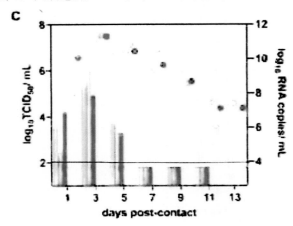

図 4. 同居 HS の体重変化

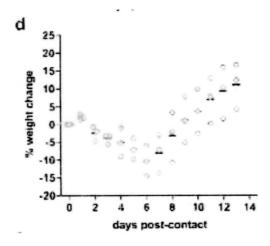

図５. エアロゾル感染の実験

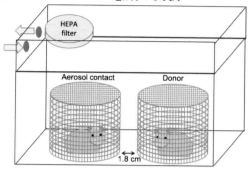

図６. エアロゾル感染の HS のウィルス密度

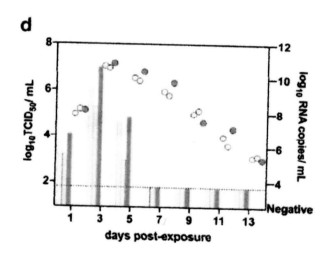

図７. エアロゾル感染 HS の体重変化

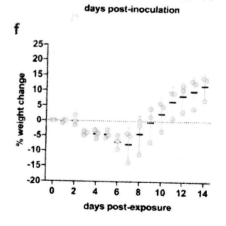

表 1. 器物の汚染度

Article

Extended Data Table 1 | Detection of SARS-CoV-2 in the soiled cages

Days post-inoculation	Animal cage info	Sampled area	Material	log₁₀ TCID₅₀/ mL	log₁₀ RNA copies/ mL
	donor cage A			1.79	6.70
Day 2	donor cage B	bedding	corn cobs	<	5.18
	donor cage C			<	5.79
	fomite contact cage A	cage side (in direct		<	6.89
	fomite contact cage B	contact with the	plastic	<	5.21
	fomite contact cage C	animals)		1.79	6.33
	fomite contact cage A			<	3.76
	fomite contact cage B	cage lid	plastic	<	4.33
	fomite contact cage C			<	4.10
	fomite contact cage A			<	5.26
Day 4	fomite contact cage B	pre-filter	paper-based	<	5.27
	fomite contact cage C			<	5.31
	fomite contact cage A			<	3.64
	fomite contact cage B	water bottle nozzle	stainless steel	<	4.20
	fomite contact cage C			2.21	6.06
	fomite contact cage A			<	4.84
	fomite contact cage B	bedding	corn cobs	<	5.27
	fomite contact cage C			<	6.06
	fomite contact cage A	cage side (in direct		<	5.70
	fomite contact cage B	contact with the	plastic	<	5.61
	fomite contact cage C	animals)		<	6.51
	fomite contact cage A			<	4.75
	fomite contact cage B	cage lid	plastic	<	3.46
	fomite contact cage C			<	4.24
Day 6	fomite contact cage A			<	5.48
	fomite contact cage B	pre-filter	paper-based	<	5.23
	fomite contact cage C			<	5.36
	fomite contact cage A			<	5.12
	fomite contact cage B	bedding	corn cobs	<	6.24
	fomite contact cage C			<	5.58

To evaluate transmission potential of SARS-CoV-2 virus via fomites, three naïve fomite contact hamsters were each introduced to a soiled donor cage on 2 dpi. The fomite contact hamsters were single-housed for 48 hours inside the soiled cages and then were each transferred to a new cage on 4 dpi of the donors. The soiled cages were left empty at room temperature and were sampled again on 6 dpi of the donor. Surface samples and corn cob bedding were collected from the soiled cages on different time points to monitor infectious viral load and viral RNA copy numbers in the samples.

紹介2 河岡義裕（東大医科研）グループのハムスター感染、抗体実験

九大名誉教授 中山 正敏

　＜最近、東大医科学研究所の河岡義裕教授のグループは、ハムスターを用いて、感染、抗体について実験を行った。基礎的な研究データとして紹介したい。東大によるプレス　リリースを収録した。以下では、原論文によって若干補足する。詳細は原論文を参照されたい＞

原論文：Syrian hamsters as a small animal model for SARS-CoV-2
　　　　infection and countermeasure development
　　　　M. Imai et al. Proc. Nat. Acad. Science, USA 117（2020）16587

$サンプルハムスターと感染実験
　TOKYO　と　Wisconsin との2種の感染サンプルからさまざまな培地についてウィルスの増殖状況を観察した。その様子は、図1に示す。
図1．感染後のウィルスの増殖の様子

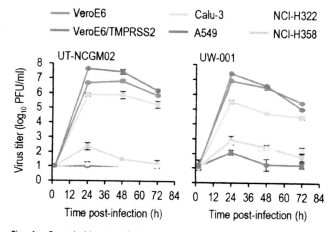

Fig. 1. Growth kinetics of SARS-CoV-2 isolates in cell culture. VeroE6, VeroE6/TMPRSS2, Calu-3, A549, NCI-H322, and NCI-H358 cells were infected with viruses at an MOI of 0.05. The supernatants of the infected cells were harvested at the indicated times, and virus titers were determined by means of plaque assays in VeroE6/TMPRSS2 cells. Error bars indicate SDs from three independent experiments.

感染後の時間変化の様子は、「紹介1」の香港グループとほぼ同じである。初期の様子がより詳しく調べられている。

$感染状態の観察

　これについても香港グループと一致している。体重変化もほぼ同様である。河岡グループでは、生後1カ月と7，8カ月のハムスターを用いている。回復後の体重増加は、前者のみに見られた。すなわち正常な発育である。香港グループ実験でも回復後の体重増加が報告ささされている。

　病理的な観察も詳しくなされている。特に、感染後の肺のmicro-CT画像の変化が示されている。これを数値化重篤度スコアの変化の図を紹介する。

図２、感染HSの肺CT画像の重篤度スコア

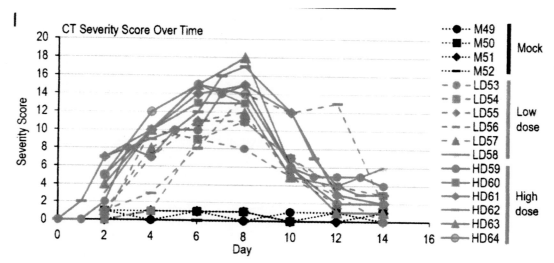

感染は6～10日にかけて重篤になることが示された。これは体重減少と相関している。

$.抗体の再感染抑止、血清投与によるウィルス密度の抑制については、プレスリリースにある通り。後者については、中山が解析を試みた。

〈プレスリリース〉

新型コロナウイルス感染症（COVID-19）の病態解明 / 予防・治療法の開発
ハムスターの感染動物モデルとしての有用性

１．発表者：

河岡　義裕（東京大学医科学研究所　感染・免疫部門ウイルス感染分野　教授）

２．発表のポイント：

◆新型コロナウイルスに感染したハムスターは、重い肺炎症状を呈するなど、ヒトに類似した病態を示した。

◆新型コロナウイルスに一度感染したハムスターは、再感染しないことがわかった。また、感染後であっても、回復期血清を感染ハムスターに投与すれば、肺でのウイルス増殖が抑制されることがわかった。

◆ハムスターを COVID-19 の感染動物モデルとして利用することで、本感染症の病態解明と治療法や予防法の開発が大きく進展する。

３．発表概要：

　東京大学医科学研究所感染・免疫部門ウイルス感染分野の河岡義裕教授らの研究グループは、新型コロナウイルス感染症（COVID-19）の感染モデル動物として、ハムスターが有用であることを見出しました。

　2019 年末に中国で発生した COVID-19 の爆発的流行が世界規模で続いています。本感染症の病態を理解し、それに対する効果的な治療法や予防法を開発するには、ヒトの症状を再現できるモデル動物が必要です。

　本研究グループは今回、患者から分離した新型コロナウイルスのハムスターにおける増殖性と病原性を調べました。その結果、新型コロナウイルスはハムスターの肺などの呼吸器でよく増えること、感染ハムスターの肺における病変は、COVID-19 患者でみられた病変と類似していることがわかりました。また、本ウイルスに一度感染したハムスターは、再びウイルスが体内に入っても感染しないことがわかりました。さらに、感染後であっても、回復期血清を感染ハムスターに投与すれば、呼吸器でのウイルス増殖が抑制されることも判明しました。

　ハムスターを COVID-19 の感染動物モデルとして利用することで、本感染症の病態解明と、それに対する治療法や予防法の開発が大きく進展することが期待されます。

　本研究成果は、2020 年 6 月 22 日（米国東部時間　正午）、米国科学雑誌「*Proc Natl Acad Sci USA*」のオンライン速報版で公開されました。

　なお本研究は、東京大学、米国ウイスコンシン大学、国立感染症研究所、国立国際医療研究センターが共同で行ったものです。本研究成果は、日本医療研究開発機構（AMED）新興・再興感染症に対する革新的医薬品等開発推進研究事業の一環として得られました。

４．発表内容：

　2019 年 12 月に中国の湖北省武漢市衛生健康委員会から、武漢市における非定型肺炎の集団発生の報告があり、新型コロナウイルス（**図 1**）が原因ウイルスとして同定されました。新型コロナウイルスによる感染症（COVID-19）は、現在も世界的規模での爆発的な流行が続いてい

ます。2020 年 6 月 15 日現在、累計感染者数は世界全体で 760 万名を超え、そのうちおよそ 43 万人が亡くなっています。COVID-19 の世界的大流行は健康被害のみならず、各国の社会経済活動にも甚大な影響をもたらしています。

新型コロナウイルスは、2003 年に出現した重症急性呼吸器症候群（SARS）コロナウイルスと遺伝的に近縁であることがわかっていますが、その基本性状についてはほとんど明らかにされていません。また、COVID-19 に対する効果的な治療法や予防法は確立していません。COVID-19 という病気の仕組みを理解し、それに対するワクチンや抗ウイルス剤を開発するには、ヒトの症状を再現できる動物モデルの確立が必要です。

ハムスターは、2003 年の重症急性呼吸器症候群（SARS）コロナウイルスに感染することが先行研究で明らかにされています。そこで、本研究グループは、患者から分離した新型コロナウイルスをハムスターの鼻腔内に接種し、本ウイルスがハムスターの呼吸器で増殖して肺炎などの呼吸器症状を引き起こすのかどうかを調べました。新型コロナウイルスを感染させた動物と非感染動物（対照群）の体重を毎日測定したところ、対照群では体重が増加したのに対して、感染群では体重減少が認められました（図 2）。また、本ウイルスは肺などの呼吸器で効率よく増殖することもわかりました。さらに、コンピュータ断層撮影法（CT）を用いて、感染動物の肺を解析したところ、COVID-19 患者肺でみられたのと同様の病変が観察されました（図 3）。このように、新型コロナウイルスに感染したハムスターは、COVID-19 患者の肺炎に類似した病像を呈することが明らかになりました。

次に、新型コロナウイルス感染症から回復したハムスターが、その後の再感染に対して抵抗性を示すのかどうかを調べました。初感染から回復したハムスターに同ウイルスを再感染させた後（初感染後 20 日目）、呼吸器におけるウイルス量を測定しました。その結果、再感染させた群の呼吸器からはウイルスは全く検出されませんでしたが（図 4）、対照として用いた初感染の群（対照群）の呼吸器からは高濃度のウイルスが検出されました。このことは、感染によってウイルスに対する抗体が体内で産生されれば、ウイルスが体内に入ってきても感染あるいは発症しないことを示しています。すなわち、ワクチン接種により、感染時と同様の免疫応答を誘導することが出来れば、ウイルスの増殖ならびに発症を抑制する可能性が高いことが明らかになりました。

加えて、新型コロナウイルス感染症から回復した動物の血清投与（回復期血清療法、注 1）が治療法として有効なのかどうかを調べました。ハムスターに感染後 1 日目あるいは 2 日目に回復期に採取した血清を投与したところ、肺などの呼吸器におけるウイルス増殖が顕著に抑制されることがわかりました（図 5）。このことは、回復期血清（あるいは血漿）に含まれるウイルスに対する抗体が患者の治療に有効であることを示唆しています。

今回の研究から、新型コロナウイルスは、1）ハムスターの肺などの呼吸器でよく増殖すること、2）感染ハムスターは体重が減少するなど同動物に対して病原性を示すこと、3）COVID-19 患者の肺でみられた病変をハムスターの肺でも同様に引き起こすことがわかりました。さらに、4）同ウイルスに一度感染したハムスターは、再感染に対して高い抵抗性を示すこと、5）感染後であっても、回復期血清を投与すれば体内でのウイルス増殖が抑制されることも判明しました。

以上の結果は、COVID-19 の感染モデル動物として、ハムスターが有用であることを示しています。このげっ歯類を動物モデルとして利用することで、本感染症の病態解明と治療法や予防法の開発が大きく進展することが期待されます。

５．発表雑誌：

雑誌名：*Proc Natl Acad Sci U S A*（6月22日オンライン版）
論文タイトル：Syrian hamsters as a small animal model for SARS-CoV-2 infection and countermeasure
development
著者：Masaki Imai, Kiyoko Iwatsuki-Horimoto, Masato Hatta, Samantha Loeber, Peter J. Halfmann,
Noriko Nakajima, Tokiko Watanabe, Michiko Ujie, Kenta Takahashi, Mutsumi Ito, Shinya Yamada,
Shufang Fan, Shiho Chiba, Makoto Kuroda, Lizheng Guan, Kosuke Takada, Tammy Armbrust,
Aaron Balogh, Yuri Furusawa, Moe Okuda, Hiroshi Ueki, Atsuhiro Yasuhara, Yuko Sakai-Tagawa,
Tiago J. S. Lopes, Maki Kiso, Seiya Yamayoshi, Noriko Kinoshita, Norio Ohmagari, Shin-ichiro
Hattori, Makoto Takeda, Hiroaki Mitsuya, Florian Krammer, Tadaki Suzuki, Yoshihiro Kawaoka

６．問い合わせ先：
＜研究に関するお問い合わせ＞
東京大学医科学研究所　感染・免疫部門ウイルス感染分野
教授　河岡　義裕（かわおか　よしひろ）
https://www.ims.u-tokyo.ac.jp/imsut/jp/index.html

＜報道に関するお問い合わせ＞
東京大学医科学研究所　国際学術連携室（広報）
https://www.ims.u-tokyo.ac.jp/imsut/jp/index.html

＜AMED の事業に関するお問い合わせ＞
国立研究開発法人日本医療研究開発機構（AMED）
創薬事業部　創薬企画・評価課
https://www.amed.go.jp/

７．用語解説：
注１）回復期血清療法:
感染症に罹患した患者の回復期に採取した血清中には、その感染症の病原体に対する抗体が多
く含まれている。この回復期血清（あるいは血漿）を患者に投与すると、体内での病原体の増
殖が抑制される。COVID-19 患者への回復期血清（あるいは血漿）の投与が治療法として有効
なのかどうか検証が進められている。

８．添付資料：

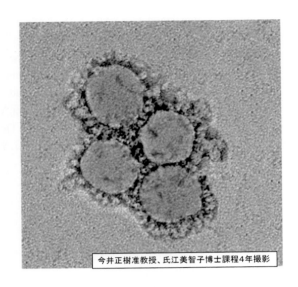

今井正樹准教授、氏江美智子博士課程4年撮影

図1 新型コロナウイルス粒子の電子顕微鏡像
新型コロナウイルス粒子の表面には、コロナウイルスに特徴的な冠状のスパイクタンパク質が多数観察される。

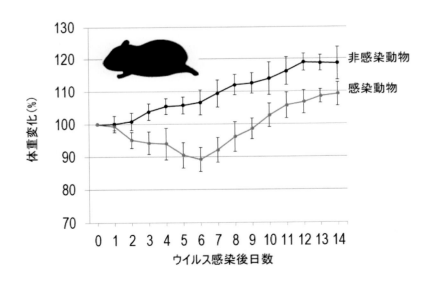

図2 ハムスターに対するウイルスの病原性
新型コロナウイルスをハムスターの鼻腔内に接種した。その後、非感染動物（対照群）と感染動物の体重を毎日測定した。対照群では体重が増加したが、感染群では体重減少が認められた。

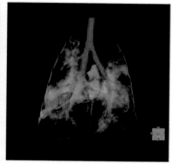

感染前　　　　　　感染後7日目

図3　新型コロナウイルスに感染したハムスターの肺炎像
新型コロナウイルスをハムスターの鼻腔内に接種した。感染後、ハムスターの肺をコンピュータ断層撮影法（CT）を用いて解析した。COVID-19患者のCT画像でみられる病変が感染ハムスター肺でも認められた。青: 気管と気管支を示す。赤: 気胸を示す。

新型コロナウイルス　　　　ウイルスに対する抗体

初感染　　　　　　　　　　　　　　　　　　再感染

回復　　　　　　　　　　　　　感染しない

図4　新型コロナウイルス感染症から回復したハムスターの再感染
初感染から回復したハムスターの鼻腔内に新型コロナウイルスを再び接種した。再感染後4日目の呼吸器におけるウイルス量を測定したところ、再感染させたハムスターの呼吸器からはウイルスは全く検出されなかった。初感染後産生されたウイルスに対する抗体を有するハムスターは、再感染しないことがわかった。

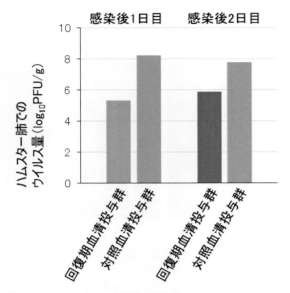

図5　新型コロナウイルス感染に対する回復期血清の効果
新型コロナウイルスをハムスターの鼻腔内に接種した。感染後1日目あるいは2日目に回復期血清を投与して、感染後4日目の肺におけるウイルス量を測定した。対照として、非感染動物から採取した血清を投与した。回復期血清投与群の肺で検出されたウイルス量は、対照血清投与群と比較して少なかった。

紹介3　患者からの感染は一週間まで

九大名誉教授　中山　正敏

　＜ハムスターの感染からは、感染元のウィルス密度は感染後2〜3日で最大となり、1っ週間後にはかなり減少する。その頃以後は、直接感染もエアロゾル感染もしない。一方、抗体密度はかなり高くなっている。これはら、納得できる状況である。

　ヒトの間の感染についても、同様なことがいえそうであるが、あまり記事が無かった。最近検索すると、実は3月ごろからいくつかの研究があることが分かった。それを紹介する。＞なお＜・・・＞は中山の意見である。
＜まず、医師の紹介記事を要約して再紹介する＞
＄新型コロナ 感染は「発症前から5日後まで」　谷口恭・太融寺町谷口医院院長

　2020年5月14日
　最近発表された台湾の研究(論文は「米国医師会雑誌」＜JAMA＞の2020年5月1日号に掲載)を紹介しょう。＜この後に原論文からの中山の紹介をする＞
　その前に、台湾の状況をまとめておく。
　日本の厚生労働省が13日に発表したデータでは、台湾の感染者数は440人、死者は7人にとどまっています。なお台湾の人口は約2360万人で、日本の2割弱です。
　・台湾は今年1月15日（おそらく世界で最初）に「重要な感染症」と認識し、世界保健機関(WHO)の見解に従わなかった。WHOは1月30日の時点でもまだ「中国への渡航を禁止すべきでない」としていたのに対し、台湾は1月22日に、1月末に武漢から来台するツアー客459人の入国許可を取り消した。
　・海外からの帰国者に自宅隔離（home quarantine）を徹底した。
　・感染者と接触した人の追跡を徹底的に行った。
　・マスクの購入先を公開すると同時に、購入時には記名を必要とするなど、行政がマスクの管理を徹底して成功した。
　・ソーシャルディスタンシング（社会的距離の確保）は行政が指示したわけではないが、住民が自発的に適切な行動をとった（上述の論文より）。
　・台湾はSARS（重症急性呼吸器症候群）を経験していたので、その経験を生かすことができた。

では、台湾の研究で分かった「2次感染に関する事実」についてまとめていきましょう（なお、「2次感染者」に対して、最初の感染者をここでは「1次感染者」と表現します）。

　研究では、100人の1次感染者と、1次感染者と接触した2761人が調べられています。100人の1次感染者に診断がついたのは1月15日から3月18日までで、1次感染者と接触した人の調査は接触後14日まで。調査の最終日は4月2日でした。1次感染者100人のうち9人（9%）は無症状者です。

　調査の結果、接触者2761人中、22人が2次感染を起こしました。

　この調査で分かった重要なポイントは三つあります。

#1.「1次感染者からいつ感染するか」です。2次感染を起こした22人のうち10人（45%）は1次感染者が発症する前に接触し、その際に感染していました。1次感染者の発症日を0日目として0〜3日目の接触で2次感染を起こしたのが22人中9人、4〜5日目の接触で感染したのが3人で、なんと6日目以降はゼロなのです！

　4日ほど発熱を確認してから検査という日本の対応は、発症直後は不十分、感染確認後は過剰だったということになります。入院する頃にはすでに発症から1週間程度たっているからです。受け入れ先の病院としては院内感染を防ぐために徹底した防護を行いますが、実はこの時点では他人への感染のリスクは激減しているわけです。台湾のこの研究で、医療者で2次感染した人は、1次感染者と接触した人のうち、わずか0.9%しかいません（感染した医療者が1次感染者の発症何日目に感染したのかは分かりません）。1次感染者と同居している家族の4.6%、同居していない家族の5.3%が感染したのとは対照的です（なぜ非同居家族への感染が、同居家族より多いのかは論文からは読み取れません）。

ドイツにも同じような研究があり、この台湾の論文でも引用されています。その研究によると、発症して1週間が経過すると、患者の体から、生きたウイルスは検出されませんでした＜これも後で中山が原論文により紹介＞

　興味深いことに、体内で生きたウイルスが消えるにもかかわらず、発症してから1週間程度経過した時点で突然重症化するケースが多いことが分かっています。ウイルスが死んだのに重症化するのはなぜでしょうか。この理由を説明するキーワードは、過去のコラム「新型コロナ　肺以外でも病気が起きる仕組み」で紹介した「血栓」と「サイトカインストーム」だと思われます。つまり、新型コロナ重症化の「鍵」はウイルスそのものではなく、その後生じる身体の反応というわけです。

　話を戻します。調査結果に基づけば、2次感染の対策を取らねばならないのは「重症化してから」ではなく「発症直前と直後」です。1次感染者（といっ

ても軽度の風邪症状が出た時点では新型コロナかどうかは分かりませんが）が発症した時点から4〜5日さかのぼって接した可能性のある人すべてにそれを伝え、自己隔離してもらうことが必要になります。

＃２．「1次感染から2次感染までの期間（serial interval）」が平均4〜5日と短いことです。新型コロナが4〜5日なのに対し、SARSは8.4日もあります。つまり、SARSに比べて新型コロナは2次感染までの期間が大幅に短いというわけです。

　従来、1次感染者と接触すると14日間は発症する可能性があるとされてきました。しかし今回の結果をみると、少なくとも「接触の時期を問わず14日間」は長過ぎではないか、再検討する必要がありそうです。

＃３．「重症者と接触すると（軽症者との接触に比べて）2次感染が起こりやすい」ということです。1次感染者が重症の肺炎や、ARDS（急性呼吸窮迫症候群）という重篤な呼吸困難状態にまで進行した場合、軽症者に比べて2次感染のリスクが4倍近くに上昇します。一方、無症状者と接触しての感染は一例もありません。「無症状者（数日後にも発症せず、無症状のままの人）からの感染は（ほぼ）ない」という点は重要です。

　今回紹介した台湾の研究は今後の対策を考える上で非常に重要ですから、最後にポイントをまとめておきます。

　・2次感染の半数近くは、1次感染者が発症する前の数日間で起こっている。数日後に症状が出るかどうかは誰にも分からないのだから、すべての人は「他人への感染を防ぐ目的で」マスクを着用すべきである。また、1次感染者が発症して6日たてば2次感染は（台湾のこの研究では）起こらなかったことから、6日目以降の2次感染予防対策を見直すべきかもしれない。

　・「2次感染までの期間」は4〜5日。現在、1次感染者と接した場合14日間の自己隔離が求められていて、WHOも5月4日の時点でそのように案内しているが、実際にはもっと短くてもよいかもしれない。

　・無症状者（数日後も無症状）からの感染は（ほぼ）ない。よって数日前以前に新型コロナに感染した人が今も無症状のあなたから感染した可能性は（ほぼ）ない。

＄＜台湾原論文の紹介（net検索でｐｄｆ入手＞
　Contact Tracing Assessment of COVID-19 Transmission Dynamics in Taiwan and Risk at Different Exposure Periods Before and After Symptom Onset
　H-Y Chang et al, JAMA Intern. Med.　doc.，Ｍａｙ　１　２０２０
　　＊１００人の隔離患者（１１〜８８歳、男性５６、女性４４名）について、1月15日〜3月18日にかけて、接触歴を含めて調べた。

＊２７６１名の濃厚接触者の中に、２２名の１次感染者がいた。

＊濃厚接触とは、１次感染者と対面で、自己防御装備なしで 15 分以上過ごすことと定義した。

　＊１次感染者と接触した者の接触歴は、次図のようである。

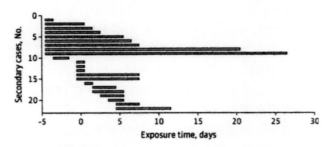

横軸０が１次感染者の発症日である。それ以前からを含めて、バーの期間接触したことを、２２名全員について示した。感染しなかった者についても、同様なデータを示してある。

＊２次接触者の感染歴については、上記の谷口医師の紹介にある通りだが、原論文にあるまとめの表を示す。

Table 2. Secondary Clinical Attack Rate for COVID-19 Among the 2761 Close Contacts b Exposure Settings, Times, and Characteristics

	No. of secondary cases (asymptomatic case)	No. of contacts	Secondary clinical attack rate, % (95% CI)
Exposure setting			
Household	10 (3)	151	4.6 (2.3-9.3)
Nonhousehold family	5 (1)	76	5.3 (2.1-12.8)
Health care	6 (0)	698	0.9 (0.4-1.9)
Others[a]	1 (0)	1836	0.1 (0-0.3)
Time from onset to exposure, d[b]			
<0	10 (3)	735	1.0 (0.5-2.0)
0-3	9 (1)	867	0.9 (0.5-1.8)
4-5	3 (0)	216	1.4 (0.5-4.0)
6-7	0	119	0 (0-3.1)
8-9	0	449	0 (0-0.9)
>9	0	284	0 (0-1.3)

＊この表には、２次感染しなかった者についても分類が示され、これから２次感染率が求められている。

＊＜家庭での感染率が大きいことがすでに分かっている。＞

＊医療施設では、医療スタッフ、事務員、患者が含まれている。

＊発症から６日以後の１次感染者との接触では、２次感染はなかった。感染はそれ以前に起こっていて、SARS の場合とは異なる。

＊この感染の傾向は、中国武漢におけるウィルス密度の経時的変動と似ている。また、最近のドイツでのウィルス密度変動の研究結果とも似ている＜この研究は後に紹介＞

＊この研究結果らは、感染症状が分かってからの隔離では不十分であることが分かる。症状が現れる以前からの感染を防ぐには、一般的な社会的距離を取ること、マスクをすることなどが有効であろう。

＊症状が軽くて収まった場合には、感染の危険は少ないから、退院して医療設備に余裕を確保することが望ましい。

$ ドイツ論文の紹介

Virological assessment oh hospitalized patients with COVID-2019

R.Woelfel et al, Nature, vol.581, 28 May 2020, 465

＊9名の入院患者のウィルス密度を、上気道部から綿棒などで採取して、経時変化を調べた。

＊他のインフルエンザなどの感染の有無をチェックした。また、種々の状況の推移を調べた＜詳しくは原論文を参照されたい＞

＊各患者のデータ図があるが、代表例を次図に示す。

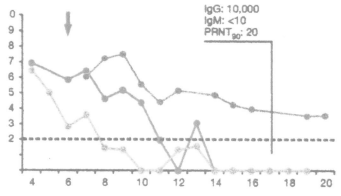

＊患者は、口腔・鼻腔部からの綿棒採取で、RT-PCR 診断を行った。
縦軸は、RNA コピー数の常用対数である。横軸は入院後の日数である。

＊オレンジ色は、痰についてのデータである。
　黄色は、綿棒採取のデータである。

灰色は、便のデータである。

＊データには個人差があるが、ウィルス密度の変動の様子は、ほぼ共通である。綿棒データが急速に低下して、入院後1週間では、非常に低くなる。痰の濃度はやや高い。便のデータは、他の患者では、もっと低い。

＊気道部からの感染力は、1週間後には大きく低下している。痰からの感染防止にはマスクが極めて有効であろう。

＊抗体形成をしらべた結果を示す。

Table 3 | IgG and IgM immunofluorescence titres against SARS-CoV-2, from all patients

Patient ID no.	Initial serum		Final serum				
	Day after onset	IgG	Day after onset	IgG	IgM	PRNT$_{90}$	PRNT$_{50}$
1	5	<10	21	1,000	100	160	>640
2	4	<10	19	1,000	100	40	320
3	3	<10	23	1,000	100	160	>640
4	5	<10	17	10,000	<10	20	160
7	6	<10	20	10,000	100	>1,280	>1,280
8	6	10	20	10,000	10	80	>320
10	6	<10	28	1,000	10	10	>40
14	NA	NA	12	10,000	100	>40	>40
16	NA	NA	13	1,000	100	80	>320

NA, not applicable; PRNT$_{50}$, serum dilution that causes viral plaque reduction of 50%.

12日以降では、抗体形成はかなり進んでいることが分かる。＜その様子は、ハムスターとほぼ同じである。

紹介4　大声の飛沫と放出ウィルス個数

九大名誉教授　中山　正敏

　大声で話したり、歌ったりすると飛沫が飛び、ウィルスが多数出るといわれている。その実態についてレーザー光を用いた実験的研究を紹介する。

論文紹介

表題など：小さな発話飛沫の空中寿命とSARS-CoV-2伝達における潜在的重要性

The airborne lifetime of small speech droplets and their potential importance in SARS-CoV-2 transmission, V. Stadnytskyia et al.
PNAS June 2, 2020　vol. 117　no. 22　11875-11877

実験方法：

　'stay healthy' という言葉を、大声で25秒間発話して、生じた飛沫を暗箱内に入れる（thを発話する時に飛沫が最もよく飛ぶ）。緑色のレーザー光から作った光シート（幅150mm、厚さ1mm）を照射する。粒子による散乱光をビデオカメラで動画撮影して、各フレームの散乱光点の個数を数えて粒子個数を計測する。

実験結果：

　散乱光点は明（大きな粒子、25%）とややぼやけた暗（小さな粒子）との2グループに分かれる。個数は、明点は8分、暗点は14分の寿命で減衰する。平均的な減衰率から、粒子の沈降終端速度は0.06cm/sと見積もられる。その半径は4μmである。これは、口から飛び出した後に脱水した飛沫核の沈降である。口を出た直後の冠水飛沫は、暗～明粒子で、半径12～21μm、25s間の総量60～320nℓ（ナノℓ＝百万分の1mℓ）と推定される。

考察

　感染者の唾液中のRNAコピー濃度を7×10^6個/mℓとすると、1分間の発話では約1,000個のウィルスが飛沫核として放出され、8分間は空気中をただようことになる。これを吸い込むと感染するので、感染機構となる。

＜中山＞ウィルスの感染力は、普通RNAコピー濃度よりも$TCID_{50}$で見積もられる。この値はRNAコピーの値の約400分の1である。したがって、1分間の大声発話では、2.5個程度の感染力があるということになる。これは、20回の呼気に比べるとずっと少ない。しかし、25秒間の総量が200nℓで、唾液中の$TCID_{50}$が10^6/mℓとすると、個数は200個となる。これは、鼻からの呼気と同程度である。なお、別の実験では、声を小さくしても個数はあまり減らない。湿った布で口をおおうと10分の1以下になるという。

新型コロナウィルスただよう世を生き抜く——私の提言

九大名誉教授　中山　正敏

1. はじめに

　新型コロナウィルスについては、分からないことが多いと言われている。その一つは、第一部の加藤、小田垣、中山報告、第二部の須田報告にあるように現状はいわゆる集団免疫状態には程遠いことである（本書からの引用は青字）。8割自粛を提言してきた西浦教授（北大（当時））も、最近は'今はまだ2回の表ウィルスチームの攻撃中、まだまだかかる'と言っている。今後も流行は続き、地域や状況に応じた適切な対策が求められている。しかし、「専門家」や首長たちは、「自粛しましょう」というだけである。一般市民は、どう行動すればよいのか、誰のいうことを信用すればよいのか、もやもや感が満ちている。

　それは第二の問題点として、ウィルスに感染するとはどういうことかが、はっきりと知らされていないからであろう。今では、ウィルスは感染者の中だけではなくこの世にただよっているに違いないことは、みんなうすうす感じている。いくら自粛してもうつるのではないか？そもそも、何個のウィルスの侵入で感染するのか？こういう基本的なことが数値で示されていない。

　今回の講演会およびこの報告書を作成する過程で整理し、また文献を読んで考えてみると、確かなことがいくつか分かってきた。なお「ケアニュース」という医師向けのサイトには、医学的情報が紹介されており、原論文も検索できて便利である。それらを参考にして、私の観点からまとめてみた。

　なお、本稿ではいろいろな数値を計算したが、その計算値は不確かである。例えば、ヒトの感染者が一回の呼吸で出すウィルスの個数を 20 個と推定したが、それは4〜100 個程度の幅がありえるとしてのことである。それでも、ある程度の見当がつけられればよりましというように受け取っていただきたい。

　ハムスターについての実験と、ヒトの場合との関係については、両者ともに哺乳類なので、相似則が成り立つ。本川達雄『ゾウの時間とネズミの時間』（中公新書）によれば、長さの比は体重の1/3乗である。ヒト/ハムスターの体重比＝500 だから、長さ比＝7.9≒8 である。肺の大きさ比＝500 である。本川さんによると、時間周期は体重の 1/4 乗に比例するという。ヒト/ハムスター比＝4.7≒5 である。1 分間の呼吸回数は、ヒトは20 回、ハムスターは94≒100 回である。呼吸率は肺の体積・呼吸回数で、ヒト/ハムスター比は約100 である。これは体重/時間周期に比例するエネルギー代謝率のヒト/ハムスター比でもある。

2. ウィルスの大きさ、構造　たばこの煙粒子

　ウィルス粒子は、大島報告にあるように、ほぼ球形で、半径は 0.1μm である。脂質に覆われており、中にRNAが格納されている。表面にはスパイク状の構造があり、これを鍵に使ってヒトなどの細胞内に侵入して増殖する。ウィルスはヒトの体内に移動してきて、その後増殖を始めて体内にクラスターを作るだろう。

個数の密度がある程度の量に達した時に、感染したというのだろう。
　ウィルス粒子の大きさは、たばこの煙と同程度である。空気中の挙動、匂いがどこまで届くかなどが、部屋の汚れなどを考える時の参考となろう。たばこの煙もハウスダストなどのもっと大きい粒子に取りついて運ばれる。なお、2010 年以前に流行したＡ型インフルエンザのウィルスは、新型コロナとほぼ同じ大きさと構造であるから、移動を考える時には参考になる。

３．　何個のウィルスの侵入で感染したといえるか　ハムスターで千個、ヒトでは 50 万個

　ハムスターに接種して感染させる香港大グループの実験（紹介 1）では、まずウィルス密度（$TCID_{50}/m\ell$）が百万個/$m\ell$の水溶液を 0.08$m\ell$接種した。8 万個のウィルスを鼻から入れて感染させた。東大医科研グループの実験（紹介 2, プレスリリース（PR））でも、high 接種では 10〜100 万個を入れた。しかし、千個程度の low 接種でも、感染度は低いが感染している。香港実験では、6 日後ウィルス密度が百個/$m\ell$以下になると他には感染しないとされている。
　ヒトでは、肺の大きさがハムスターの 500 倍だから、50 万個となる。鎌田實さんが免疫学の大家である宮坂知宏さんに聞いたところ、百万個ぐらいで感染するという返事だったそうだ。
　これらの実験で、ハムスターではエアロゾルを介した感染が大きいことが分かった。ウィルスは裸では空気中にはいれないが、エアロゾル粒子に付着して環境をただよい、別の個体に移動する。ヒトについても、レストラン、バス内で数時間内で感染することが中国では確認されていた。
　感染とは何かということが問題である。感染とは、感染個体から別の個体へのウィルスの移動である。ウィルスの移動は、ウィルスそのもの、あるいはウィルスを含むエアロゾル微粒子の運動であるから、物理法則にしたがう。しかし、「1 個でもウィルスが移動すれば感染した」とはいえない。感染とは何らかの身体の不具合が現れることだ。それには、個体内でのウィルスの増殖、さらにそれによる炎症などの病理的過程が関係している。

４．　ウィルスの増殖と減少　1 日に約千倍の割合で増え、2〜3 日でピークとなりその後 1 日で百分の 1 の割合で減り、一週間後にはほとんどなくなる。

　ハムスターでは、香港大、東大医科研のデータ（紹介 1, 2, PR）から、1 日千倍程度の割合で増殖し、接種後 2〜3 日でピークとなり、以後は 1 日に百分の 1 程度の割合で減少することが分かった。これは、分子レベルでウィルスのコピー化や抗体との相討ち効果として起こることだから、ヒトでも同じであろう（中山報告）。実際に、紹介 3 の研究の結果ではそうなっている。

５．　感染症状の変化　ハムスターでもヒトでも 1 週間後で最重症

　ハムスターでは、感染の程度を表す体重減少が接種後 3 日目ぐらいから始ま

り、6～7日で最大となり、10日以上で回復する。東大医科研の研究（紹介2, PR）では、肺のＣＴ画像がほぼ同じ変化をして、6～8日で最も重篤となることが分かった。ヒトでも、大よそは同じである。韓国での陽性隔離者についての研究によると、36%は無症状でそのうちの1/5では症状がその後現れた。ウィルス密度の時間的変化の様子は、症状の有無にほとんどよらない。（S. Lee et al、MMA, Aug. 6. 2020、）。無症状で推移するのは、感染予防の立場からは悩ましいが、軽く済むということである。

　要するに、ウィルス密度の変化と感染症状の変化にはずれがある。感染力はウィルス密度に比例し、症状が最も重い一週間後には感染力は低くなっている。

　新型コロナウィルスの症状は、8割は一週間程度の軽症ですむ。肺炎を起こし、さらに死亡に至るのは全体では1.9%である。致死率は40代では0.2%なのに、70代は8.5%、80代は18.5%と高年者で大きい。しかし、人口動態統計によれば、10万人あたりの年間全死亡者数は、40代では100人だが、70代では1,800人、80代前半は4,200人、後半は7,900人である。80代の老人は、10年間に約6割は死ぬ。それは老化、すなわち体力・免疫力の低下と持病によるもので、新型コロナだけが老人に厳しいわけではない。老人のケアは、全体として考えるべきものである。

6．　ウィルスの感染移動量、時間　1呼吸で、ハムスターで約2個、ヒトでは9百個。感染までの呼吸回数は、ハムスターで5万回（8時間）、ヒトでは5万回(40時間)

　香港大のハムスターエアロゾル感染の実験では、8時間で確実に感染するようだ（紹介1）。ハムスターの呼吸は、約百回/分である。8時間では約5万回呼吸している。8万個のウィルスが移動するのならば、1呼吸あたり1.7個のウィルスが移動するという計算になる。

　ヒトの場合は、肺の大きさはハムスターの5百倍だから、肺の中のウィルス密度がハムスターと同じに達するウィルス個数は、8万×5百＝4千万個となる。ヒトの1回の呼吸量はハムスターの500倍だから、ヒトの1呼吸あたりのウィルス移動量は1.7×500＝850≒9百個/1呼吸となる。ヒトの呼吸は20回/分である。肺感染までの呼吸回数は、4千万/850≒5万回である。移動時間は5万/（20×60）≒40時間である。実際は感染程度による。

　なお、ここでのウィルス移動は感染元個体から新感染個体へ、いわば口移しで行われるとしている。実際には、感染元からいったん環境へ放出され、新規の個体へは環境から侵入するのである。それらの過程を以下で考えよう。

7．　感染者から環境へのウィルス排出量　ヒトでは1呼吸で20個

　まず感染者の肺からの呼気による放出量を考えよう。ウィルスは空気中に単独では存在できない。水の微粒子に入り込んで、エアロゾルとして存在する。呼吸器系を通っての体外への移動は、肺胞への沈着率が低い半径0.5μmの水微粒子がその担い手となろう（図1）。水は空気中に飽和蒸気圧まで水蒸気として存

在する。30℃での飽和蒸気は一回の呼気500ml中に約20mlである。これと共存する水微粒子の割合をcとする。c〜1/百万として、水微粒子の体積は2/十万 mlで、その中のウィルスの個数は約20である。1時間の呼気中のウィルス放出個数は約2万個である。

図1．肺への粒子沈着率（環境省）

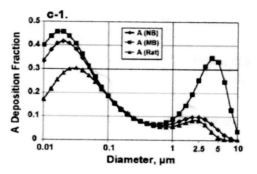

なお、A型インフルエンザウィルスについて、呼気中のウィルス密度を測定した研究がある（P.Fabian et al, pone, 2009）。それによると、ウィルスは主に直径0.5μm以下の微水滴で運ばれる。その量は多い場合には上記の値に近い。

8．唾と飛沫　唾は百万個、飛沫は400個/分

感染者の唾液、痰の中には百万個/mlのウィルスがいる。唾を1ml飛ばすと、百万個のウィルスが放出される。これは器物を汚染するので、避けなければならない。唾は便器の中に飛ばして、蓋をして、水で流すべきである。この場合にはマスクはもちろん有効である（友清報告）。

話した時の飛沫は半径5μm程度の水微粒子で、眼に見えるという。微粒子の体積は約(1/百億)mlであるから、(1/1万)個のウィルスを含むだろう。最近の実験（紹介4）では、大声で‘healthy’と叫んだ時に飛び出した飛沫を箱の中に集めて、緑色のレーザー光を照射して個数を数えた。1分間あたり約千個の飛沫が飛ぶことが確かめられた。その体積は200nlである。1nl（ナノリットル）＝1/百万mlである。1分間大声で話すと2千個の飛沫が飛び、400個のウィルスが出る。その間呼気も出ていて、1分間の呼気では、400個のウィルスが出る。大声を出すのがウィルス排出の主要なメカニズムだと言われているが、実は呼気と同程度である。

9．　環境をただようウィルス　1時間換気しない4畳半の部屋には20万個

環境へ出たウィルスのある微粒子は、大きい粒子は沈降するが、小さいものはブラウン運動して空中をただよう（裏表紙の図、前田報告）。図1のデータは、環境内の微粒子の様子を知るのにも役立つ。環境内でウィルスはこれらの微粒子に乗り移り、小さいものが吸気によってヒトの体内へ侵入して行く。マスクの有効性は慎重に検討されねばならない（友清報告）。

感染者1人による部屋の空気汚染は、1時間換気しなければ、ウィルス20万個である。四畳半の部屋の空間の体積は20立方メートル（立米）である。四畳半に感染者が一人いる時の、空気中のウィルス密度は、空気の体積当たりで千個/立米である。1mlあたりでは、0.1個/mlである。

A型インフルエンザの公共スペース内の分布についての研究がある（W. Yang

et al, J. Roy. Soc., INTERFACE, Aug. 7, 2011)。インフルエンザ流行中に、医療セ
ンターの待合室、保育所の乳児室と幼児室、旅客機内について空気を採集してウ
ィルス密度を測定した。約半数の場合にウィルスが検出された。ウィルスを担う
水微粒子の大きさは、状況によるが、やはり小さいものが多い。ウィルスの密度
の値は 80 個/立米であった。平均換気率を 1 時間 10 回として、ウィルス発生率
は毎時 800 個/立米と見積もられている。保育室の場合、床面積は約 30 平米、天
井の高さを 3m とすると、部屋の体積は約百立米である。部屋全体の発生率は、
8 万個/(部屋・時間)である。この部屋には、12 人の幼児と 4 人の成人がいた。
流行期なので、部屋の大きさに比例した感染者がいるとして、一人当たりの平均
放出量は約 6 千個/時間である。上記の新型コロナ呼気の計算と比較すると、約
1/3 の人が感染していたということになる。

　飛沫微粒子は、重力によって沈降し、ウィルスは器物に付着して汚染させる。
その研究の一端は、香港大の研究報告（紹介 1）にある。汚染状況は、さまざま
な分光法などによって研究できるだろう。なお、A 型インフルエンザについての
上記研究では、エアロゾル粒子のブラウン運動による室内面への付着率は、毎時
0.07 個/平米と見積もられている。

　１０．　吸気によるウィルスの侵入　1 呼吸 50 個程度以下
　1 回の吸気量は 500mℓ であるから、9．で述べた四畳半の部屋の汚染空気の場
合には、50 個のウィルスが 1 回の吸気で入り込む。肺に入り込む総数が百万個
に達するには 2 万回の吸気が必要である。必要な時間は、約 20 時間である。こ
の数値は、まあそんなものかと思う値である。なお、この見積もりは四畳半の密
室の場合だったから過大である。A 型インフルエンザについての研究を参照す
ると、待合室や保育所でのウィルス密度は四畳半の 1/10 以下であるから、吸気
による侵入量はずっと小さい。

　なお、A 型インフルエンザの場合の上記研究では、付着面に触った手を経由し
て鼻からの感染率は、エアロゾル感染に比べて 1/10 程度と低いとされている。

　１１．　抗体の効果は持続するか　ハムスターでもヒトでも約 1 週間で作られ、
少なくとも 20 日は持続する
　抗体の効果について懐疑的な意見もあるようだが、東大医科研グループの研
究によって、少なくとも 20 日以上は持続することが明らかになった（紹介 2，
PR）。最近、児玉龍彦さんは、研究中の S 抗体は 5 ヶ月は持続していると BSTBS
で述べた。抗体形成による獲得免疫がなくても、自然免疫があるであろう。ある
種類の抗体は、早く消滅するらしい。基本的には抗体の効果があることを否定す
る研究はないと思う。

　１２．　感染の確率性　接触時間に比例、30 分では 20 時間の 40 分の 1
　これまで、平均量について大ざっぱに述べてきた。実際はウィルスや微粒子の
運動は統計的に変動している。感染などを議論する際には、確率を考えねばなら

ない。例えばエアロゾルによる感染は、接触時間に比例した確率で起こる。20時間でうつるといった時には、20時間以内ならうつらず、20時間を越えるととたんにうつるのではなく、5時間なら1/4、1時間なら1/20というような確率でうつる。このことをわきまえて、自分の行動を決めて行くのが望ましい。降水確率を知った上で傘を持って行くかどうかを決めるように、感染確率を推定して行動を決めて行くことが、ウィルスと共生する基本である。これらによって、逃避モードでなく主体モードで行動ができよう（山内報告）。

　最近のカリフォルニアの山火事では、約2万回の落雷によって600ヶ所で火事が起こり、そのうちの1，2ヶ所が避難必要となっているそうだ。ウィルス感染についても同じようなことがいえよう。原因があっても、大事に至るのはごくわずかの場合である。

１３．今後どうするか　　初期感染をマスクなどで防ぐ。回復者は普通に行動する。

　これまで述べてきたことをまとめると、ウィルスは感染者の呼気により環境にただよっていて、その移動をコントロールすることは難しい。そういう中で、サイエンスに立脚して行動することが不可欠である。このときには、感染者、ウィルス密度（体内、環境）、抗体などを、空間的、時間的に変動する「場」と考える物性物理の方法が役に立つであろう。この見方からすると、ウィルスの流行とは、結局抗体密度がグローバル化することである。天下を取るのは抗体なのだ。

　ハムスターの実験では、感染元のウィルス密度は感染後の２〜３日で最大となり、症状が最もひどくなる６〜８日では大幅に低下して、感染力はほとんどない。一方、抗体はこのころまでに作られている。このことは、ヒトの間の感染についてもほぼ成り立つことが、5月ごろに発表された論文で分かっている。紹介3を参照されたい。

　したがって、発症して1週間ぐらい経った症状の軽い感染者は、感染源ではないので、退院させて新しい患者への余裕を作るとよい。退院患者はごくまれに起こる重症化だけ注意すれば、周囲のウィルスの吸収体となるから、普通に行動してよい。こうして、医療設備やスタッフの負担は軽減され、さらにまだ流行していないところに備えをすることができる。政府や自治体は、重症者のための設備、人員の増強をすべきである。

　一般人が感染予防に注意すべきは、無症状の初期である。誰が感染しているかも分からないこの期間のためにこそ、マスクや物理的間隔が必要である（WHOは最近、socialではなくphysical　distanceと正しく言うことにした）。接触時間が短ければ感染確率は低いのだから、お見舞いや孫の顔を祖父母に見せるぐらいはかまわない。

　種痘が普及していない昔に、「もらいはしか」という言葉があった。はしかにかかっている人の所へ、赤ん坊をつれていって軽くうつさせるのである。今はサイエンスの力で、もっと賢く行動できる時代のはずだ。

問題は自分が感染したかどうかだ。ＰＣＲ検査で陽性でないとされても、明日は陽性になるかも知れない。毎日検査してびくびく暮らすのはおかしいではないか。

　自分が感染したかどうかは、自分の身体のことだから、自己点検することが第一である。医学的に無症状と言われても、違和感があり得る。だるい、嗅覚、味覚、のどの調子など、いつもと違う所があるかをチェックする。私は最近ハーモニカを吹いているが、10分ぐらい楽に吹ければ呼吸器に異状はないと思うことにしている。もし異常があれば、かかりつけの医者に診てもらって、肺炎などは大丈夫かをチェックしてもらう。数日で収まれば、軽くかかったことになる。重症化すれば、ICUに入れてもらえるようにふだんから頼んでおく。でも、ECMOまではしてもらわなくてもよいと覚悟を決めて置く。

　なお、自分では気が付かなくても、家族や友人などふだんの様子を知っている人が、'ちょっとおかしいよ、うつっているかも'と指摘しあうことも役に立つ。学校に行ったり、友達と会ったりすることは、心理的にも必要だが、上記のような意義がある。うつっていると指摘しあえる雰囲気がなければならない。

　どう行動するかはどう生きるかだから、政府や専門家から行動の指図を受けることはない。自治体などの一番必要な情報は、重症になったときにベッド・ICUに空きがあるかである。GO　TOでも、目的地の状況は今はどうか、将来はどうかの情報が欲しい。重症化した時のICUクーポンがあると安心して旅行できる。

　流行は収まらないが、重症化率は下がっているようだ。アフリカでも流行しているが、免疫があるのか、重症率は低いという。ウィルスは弱毒化した方がより広く流行するというのが自然のおきてである。それよりも怖いのは人間の対策である。集団免疫を早く達成する方法は、疑わしい人を隔離することである。しかし行き過ぎて、「怪しい老人は施設に入れて子供や孫から隔離して、他の病気などで死ぬのを待つ」というような「福祉の天国行き」の罠にはまらないためには、元気な老人はつとめて社会とつながる活動をしなければならない。すでに、高齢者の 1/6 程度が働いているという。所得税に老齢者勤労控除を設けてもらいたい。

　うつるのは当り前だから、感染者が予想通り増えたこと自体はもうニュースにはならない。高齢者が死ぬのも騒ぐことはない。

　最近、Oxford大学などの研究チームにより、学校閉鎖・職場閉鎖・外出禁止・移動禁止・公共交通機関の停止といった対策が、感染率をどの程度低下させたかとの研究が行われた（N.Islam et al.,BMJ,2020,370m2743）。それによると、全世界では感染率は無対策の場合の 87%であった（日本では 94%）。大騒ぎしてもこの程度なのだ。「自粛」がどの程度接触率を下げたのか、感染率を下げたのか、キチンとした研究が望まれる。

　新型コロナ流行についての国際比較調査（YouGov）によると、日本は感染者・死者が少ないのにウィルスが怖いという人が 9 割近くもいる。感染者が多いドイツでは、怖がる人は 4 割程度である。政府の対策の評価は、日本は世界最低レ

ベルである。日本のマスクの着用率は高いが、手洗い率は世界平均以下である（以上、池田謙一、Voice、9月号）。ドイツに住む作家多和田葉子は、'日本人はうつむいてて（台風のように）通り過ぎるのを待つだけに見える。それでは世界は見えない。ドイツ人は、いずれ人間の対策で乗り越えられると思っている'という。

繰り返しになるが、賢く生きる道は人さまざまである。しかし、全くの一人勝手ではなく、サイエンスによって共有した認識に照らせば、相互に理解できる。

その際には、経済、社会の在り方も大いに関係してくる（福留報告）。

医学をどのようにとらえるかも大きな問題である（柴田コメント）。

それらについては、また別の場で考えを深めていきたい。

人間はいずれ死ぬのだから、それまでどう生きぬくのかが問題である。それはまずは個人の問題ではある。しかし、個体としては弱いヒトは助け合うことによって進化し、社会的な生物となった。

最近、マスクをしていない人が旅客機から降ろされた。'常識を欠いているから当然'という声がある。しかし、マスクの効果は限定的である。仮に感染していれば、呼吸でのウィルス放出はかなりある。感染しているかも知れない人は呼吸してはいけないのだろうか。豚コレラや鶏インフルエンザのように、死ぬしかないのだろうか？

１４.私の提言　優等生ではなく、いい加減に、しぶとく生き抜く。

法的な行動制限を再強化しようとしている英国では、地域、屋内屋外などできめ細かくしようとしている。しかし、首相を初め役人もあやふやで混乱を招いている。行動の制限は、そもそも私的なことで、人ごとに違ってよい。以下は、私の考え方で、参考になればよい。

1.ゼロリスク（絶対うつらない、うつさない）はありえないことを認識し、お互いに確認しあう。これが社会的な基盤となる。
2.ウィルスの移動のあらましを知った上で、自分の行動プランを決める。
3.医学的に無症状であっても身に覚えがあれば、休んで、自粛する。
4.うつったかも知れないと思ったら、かかりつけの主治医に相談する。
5.1週間たって悪化しなければ、普通に行動する。
6.万一、悪化した時は、肺炎などの手当てを受けられるようにしておく。
7.マスクは、過信せずに、適当に使う。

これらは、昔から風邪やインフルエンザ対策としてやってきたことである。この冬も旧来のインフルエンザが流行するであろう。それによる死者は、新型コロナによる死者よりも多いだろう。それでも新型コロナだけを大騒ぎしたいのだろうか。

あとがき

　この講演会と報告書は、医学については素人の物理、化学、工学の研究者によって作られた。なぜ、素人のくせに新型コロナ問題に首を突っ込んで、危険？を冒して集まったりするのだろうか？それは、長年科学研究をしてきた者として、新しいことが出てくると一応の説明がつかないと気分がよくないからである。私は、2月ごろは、これは新しいインフルエンザだから、適当に流行れば落ち着くと考えていた。ところが、福留さんが言うように、大変な大騒ぎとなった。それで、ウィルスと抗体のせめぎ合いを考え出して加藤友彦さんに会い、批判を請うた。ところが加藤さんは別の計算を持ってきた。8割自粛すると1，2日で収まるというTV報道に疑いを持ったからである。小田垣孝さんは別途、独自の理論を作った。要するに、きちんとした実験事実をもとにまともな推論をすれば、長屋の隠居ではないが、「森羅万象神社仏閣」この世に分らないことはないと私たちはうぬぼれているのだ。

　ところが世の中には、山中伸弥さんに対しても'専門家ではないくせに口を出すな'などと非難する人々がいる。また、科学社会学者の中には、'専門家はその分野の暗黙知を前提にして議論しているので、それは論文には書かれていない。他分野の批判の時には、暗黙知の違いに注意すること'という人がいて、それが大新聞に出ている。原爆の開発のように国家機密の場合には、論文は出ないまま研究が進んだ。しかし、コロナの流行はそんな問題ではない。8割おじさんの奇妙な予測の裏の「暗黙知」とやらは何なのか、興味が湧いてくる（なお厚労省は後に、'あの「予測図」が収められている公文書は存在しない'と述べた）。

　「専門家」が、必要な事実と筋道の通った見解とを透明性を持って市民へ説明してくれるならば、われわれ素人が出ることはない。しかし、実際はそれはなされていない。一方で、新型コロナは未曽有の危機だと言い立てて、いろんな文明論や哲学をこの際とばかり言う人々が多い。中には面白いものもあるが、肝腎なウィルスと抗体についての事実認識と論理が不確かなので、変なものも多い。それらがまた人々を右往左往させている。例えば、「集団免疫」を目指すのはけしからんという意見が結構ある。しかし、いずれは集団免疫状態となって終息するというのは、自然界の当然の成り行きであるから、目をつぶってもそうなるのだ。問題は、それに到る途中でどういう対策をして、どの程度の死者が出るかということである。

　福岡伸一さんのウィルスについての解説には教えられることが多い。しかし、NHKBS1の特集で、ギリシャ以来のことだが、ピュシス（physis、自然）に対して人間がロゴス（logos、論理）　で征服しようとしたのが間違いという趣旨のこと

を言われた。物理学（physics）とは、まさに physis の logos だから、元凶である。しかし、現実にはウィルスについてのロゴスが確立されていないゆえに混乱が起きているのではないか。まずは、そこをきちんとしてから文明、哲学を論じるべきであろう。新型コロナのロゴスは「新型」なのだろうか？その辺からはっきりさせてもらいたい。社会現象としては、今回の大騒動は「新型」みたいだが、それはどうしてそうなったのか、これは自然の問題ではないから別に考えるべきであろう。というような考え方がそもそもいけないのだろうか？

　今一番かわいそうなのは、この春から生まれた赤ちゃんである。生後3、4ヶ月のモノの形を認識する大事な時期に、人間はマスクを付けたものかどうか惑わされている。いずれ、マスクを付けなくなった時に、あの口で噛みつかれないかと心配することになりそうだ。マスクをしている母親に育てられた男と、していない母親に育てられた女とが、うまく付き合えないという大悲恋ロマンを書いてみたい。

　そういうわけで、この本は科学者が事実と考え方とを自分のために整理しておこうということから出発した。しかし、出来上がってみると、別に科学者でなくても筋道を通して考えたい人びとのお役に立ちそうである。それで、花書院から出版することになった。学術書であるようなないようなものだが、読みやすい所から始めてみてください。

　なお、もっと啓蒙的な本もそのうちに出したいと思っています。そちらもよろしく。

　最後になったが、「物性研究電子版」、「東大プレスリリース」から、転載の許可をいただいたことを感謝します。

2020年9月　ツクツクボウシを聴きながら
中山　正敏

執筆者プロフィール(五十音順)

大島　靖美（おおしま　やすみ）1940年神奈川県生まれ。1969年東大大学院理学系終了、理学博士。九大薬学部助手、筑波大助教授、九大理学部教授、崇城大学教授。専門：分子生物学、分子遺伝学。主著『生物の大きさはどのように決まるのか』、『生物の寿命はどのように決まるのか』

小田垣　孝（おだがき　たかし）1945年生まれ。73年 京大大学院理学系終了、理学博士。ブランダイス大学助教授、京都工繊大教授、九大理教授、東京電機大教授、16年 科教総研（株）代表取締役 専攻：統計力学，不規則系の物理学，社会物理学。主著：『統計力学』,『パーコレーションの科学』

加藤　友彦（かとう　ともひこ）1941年愛知県生まれ。63年名大電気工学科卒業。住友電気工業勤務後、名大大学院応用物理学科修士課程1年在学。同学科で、教務員、助手。77年 福岡工業大学助教授、83年教授。工学博士。専門：物性物理学理論。

柴田　洋三郎（しばた　ようざぶろう）1946年福岡県門司生まれ。71年九大医学部卒業、88年九大医学部教授（解剖学）、97年九大副学長、10年大学入試センター試験研究統括官・副所長、12年福岡県立大学学長

須田　礼二（すだ　れいじ）1948年東京都生まれ。74年早大大学院理工学研究科修了。日本環境技研(株)入社(17年退職)。2001年宇都宮大大学院工学研究科博士課程修了。一級建築士。博士(工学)。専門は地域熱供給設備。著書『ソーラーハウスの常識』（共著）。

友清　芳二（ともきよ　よしつぐ）1942年愛媛県生まれ。68年九大工学研究科修士課程修了、九州大学工学部助手、講師、助教授、教授を経て九大名誉教授。2013年まで九大超顕微解析研究センター特任教授。工学博士、専門は材料科学、電子顕微鏡法。

中山　正敏（なかやま　まさとし）1936年福岡県生まれ。63年東大大学院物理卒業、理学博士。68年九大教養部助教授、79年教授、94年理学部・比較社会文化研究科教授、2001年放送大教授。専門：物性物理学理論。主著『物質の電磁気学』、『環境理解のための熱物理学』（共著）。

福留　久大（ふくどめ　ひさお）1941年上海生れ。69年東大大学院経済学研究科退学。東北大経済学部助手、70年九大教養部講師、後教授、94年経済学部・比較社会文化研究科教授。専門：政治経済学。主著『現代日本経済論』（共著）、『ポリチカルエコノミー』。

前田　悠（まえだ　ひろし）1940年　大阪市生まれ。62年東大理学部卒業、66年阪大大学院博士課程中途退学、理学博士。66年名大理学部助手、後助教授。89年九大理学部教授。専門：コロイド科学、生物物理化学、高分子化学。

丸山　勲（まるやま　いさお）1976年奈良県生まれ。2005年東大大学院理学系物理学終了、理学博士。05年ポスドク研究員（ボン大学）、東大工学系助手、後助教。08年阪大基礎工学研究科特任助教。13年福岡工業大情報工学部准教授。専門：物性物理学理論。

山内　良浩（やまうち　よしひろ）
1965年 福岡県生まれ。98年 九大大学院理学研究科物理学専攻博士後期課程単位取得後中退。メーカー勤務後、現在、転職活動中。専門：フーリエ変換、不確定性原理を足掛かりに森羅万象に関心を持つ。特に原発問題や環境問題等。

コロナ世を生き抜く技とは？

2020 年 10 月 20 日　初版発行

編集者　福工大土曜談話会
発行所　（有）花 書 院

〒810-0012　福岡市中央区白金 2-9-6
TEL　092（526）0287
FAX　092（524）4411

印刷・製本　城島印刷株式会社